U0326209

中国农产品地理标志

达茂草原羊肉品质鉴评

◎金丽萍 王冠 崔丙成 主编

中国农业科学技术出版社

图书在版编目（CIP）数据

中国农产品地理标志达茂草原羊肉品质鉴评 / 金丽萍，王冠，崔丙成主编. --北京：中国农业科学技术出版社，2023. 7

ISBN 978-7-5116-6325-2

Ⅰ. ①中… Ⅱ. ①金… ②王… ③崔… Ⅲ. ①羊肉—食用品质—鉴定 Ⅳ. ①TS251.5

中国国家版本馆CIP数据核字（2023）第 109742 号

责任编辑 陶 莲
责任校对 贾若妍 李向荣
责任印制 姜义伟 王思文

出 版 者 中国农业科学技术出版社
北京市中关村南大街 12 号 邮编：100081
电 话 （010）82109705（编辑室） （010）82109702（发行部）
（010）82109709（读者服务部）
网 址 https: // castp.caas.cn
经 销 者 各地新华书店
印 刷 者 北京建宏印刷有限公司
开 本 147 mm × 210 mm 1/32
印 张 3.25
字 数 80 千字
版 次 2023 年 7 月第 1 版 2023 年 7 月第 1 次印刷
定 价 60.00 元

《中国农产品地理标志达茂草原羊肉品质鉴评》

编委会

目　录

第一章

概　述

内蒙古拥有天然的牧草资源和我国优质的牛羊肉生产基地，羊肉作为内蒙古重要的畜产品之一，有较为广阔的市场前景，肉羊产业的良好发展有力支撑、推动了内蒙古畜牧业的稳定发展。内蒙古肉羊已形成一定的品牌效应，发展趋势向好。为进一步优化产业布局、加大肉羊良种推广力度，更应该大力推动肉羊产业进一步良好发展。

一、羊肉消费市场占位稳固提升

世界上养羊较多的国家主要有新西兰、澳大利亚、俄罗斯、中国、印度和巴基斯坦等，新西兰、澳大利亚、俄罗斯、中国主要以绵羊为主，用于生产肉脂和皮毛；印度和巴基斯坦则以山羊养殖为主，山羊的适应性强，能够应对各种气候，用于肉、奶及皮毛的生产。在美国、英国、法国、新西兰、阿根廷和澳大利亚，养羊业的重点也转向了羊肉生产。经过长期培育和优良品种选育，世界已初步形成了独具特色的育种格局。在澳大利亚，细毛羊养殖数量逐渐减少，杂交的肉羊数量逐年增加。澳大利亚凭借其独特的地理和自然优势，已成为世界上最大的养羊国之一。美利奴细毛羊是澳大利亚主要的绵羊品种，2013年澳大利亚羊肉产量达到304.6万t，2022年澳大利亚羔羊屠宰量达到2 160万头，预计到2023年，羔羊总产量将达到历史新高；新西兰是世界上最大的羊肉出口国，2010—2011年产量约占全球总量的4%，该国养殖品种丰富，有美利奴、新西兰半血羊、波尔华斯等多个品种；印度绵羊品种至少有40个，大部分分布在西北干旱地区，粗毛品种则主要分布在南半岛。

从16世纪到19世纪中叶，世界养羊业主要集中在羊毛生产上。到1990年，逐渐发展为肉、毛共用。20世纪中叶，工业革命的发展和壮大带动了纺织业的崛起。羊毛业受到前所未有的冲击，对羊肉的需求不断增加，导致羊肉价格上涨，此时，全世界羊的生产方式开始转变，逐渐成为肉主毛从。这一变化不仅使世界肉羊产业得到发展，也调整了肉羊的产业格局。

羊肉作为高蛋白、低脂肪的食品，在我国肉类产品生产和消费中已占据非常重要的地位。我国不仅是世界上绵羊与山羊饲养量、出栏量、羊肉产量最多的国家，也是羊肉消费大国。由于改革开放带动了国民经济的发展，人民生活水平不断提升，对所食用的肉品也有了更高的要求。同时，随着畜牧业蒸蒸日上的发展所带来的积极影响，中国肉羊产业发展良好，产量也有所提高，长期以来，羊肉产量一直保持世界第一。2014年，中国的羊肉产量占全世界羊肉总产量的约1/3，2000—2015年中国肉羊的存栏量、销售额和羊肉产量呈上升趋势，肉羊存栏量最终基本稳定在3亿只左右。据国家统计局数据，2019年羊肉总产量488万t，比上年增长2.6%，2020年羊肉产量492万t，比上年增长0.8%，2021年中国经济持续稳定恢复，畜牧业发展势头良好，羊肉产量达514万t，比上年增长4.5%，羊肉产量近20年增长20.1%，产量不断增长，我国肉羊和羊肉的供给能力稳步增强。但我国的羊肉总产量不断上升的过程中也凸显出增长速度缓慢的问题，肉羊产业的提质增效成为发展主题。

2015年以后，羊肉价格不断上涨，至2017年10月羊肉价格为57.27元/kg，2020年上半年羊肉平均价格78.10元/kg，下半年涨至83.30元/kg，累计涨幅6.7%。羊肉的价格一路上涨并且上涨幅度明显。羊肉价格不断攀升，使得消费者对羊肉品质的要求也越来越高，更加追求绿色、健康以及特色的肉制品。

中国绵羊产业经过半个多世纪的品种改良、养殖专业化、管理精细化的升级更新，在数量和质量上都有一定的提升。虽然中国有丰富的地方品种资源，但专门的肉用品种相对缺乏。近年来，国家批准的肉羊新品种，如巴美肉羊、昭乌达肉羊和察哈尔绵羊的推广主要集中在内蒙古的一些地区，对中国肉羊产业的整体推广影响非常有限。中国有20多个绵羊品种，主要是新疆细毛羊、中国美利奴、甘肃高山细毛羊、鄂尔多斯细毛羊等。然而，我国绵羊育种过程中仍存在许多问题，中国绵羊和山羊的改良育种程度仍然不高。根据调查数据，目前中国肉羊良种覆盖率仅占中国绵羊和山羊总数的38%，而山羊良种程度较低，养殖企业规模较小、生产条件有限、专业化程度低、管理水平落后、设备陈旧等诸多问题极大地影响了中国肉羊产业整体生产水平的提高。

二、羊肉品牌化发展成为“重头戏”

要深入推进农业供给侧结构性改革，就要推动品种培优、品质提升、品牌打造和标准化生产。肉羊标准化产业链建设提升了我国羊肉产品的数量和品质，一定程度上保证了品牌羊肉的质量安全。我国作为羊肉产量最多的国家，羊肉产品的国际市场竞争力较低，主要原因是质量安全水平难以达到进口国的要求。作为羊肉消费大国，销售的羊肉产品同质性较强，产品种类单一，无法满足消费者日益多样化的消费需求，无法识别羊肉产品的质量，使得“掺假羊肉”等食品安全事件对消费者利益造成了严重的损害。

因此，提高我国羊肉产品的质量和市场竞争力，实现市场上羊肉产品的差异性和品类的丰富性，以满足消费者多样化和追求高品质的需求，成为当前亟待解决的问题。发展农产品品牌能够提升农产品的质量和市场竞争力，并且满足不断升级的消费需求。

羊肉品牌化的发展使得我国羊肉产品品类日益丰富、质量不断提升，不仅使企业获得了较高的利润，还较好地满足了不同消费群体的多元化消费需求。政府对“三品一标”（即无公害农产品、绿色食品、有机农产品、农产品地理标志）农产品认证的推动，使得我国羊肉品牌由面向大众消费为主迈向了高端消费市场。尤其是近年来在我国肉羊优势产区，依托较好肉羊生产资源条件和悠久地域文化而形成的一批羊肉农产品地理标志，促进了肉羊产业集群的形成，并间接带动了企业品牌的发展，羊肉品牌化效应日益凸显。

目前，羊肉农产品地理标志较少，且对区域内各利益相关主体的带动作用有限，加之农产品地理标志具有公共产品的属性，易产生“株连效应”和“搭载效应”，使得羊肉农产品地理标志品牌形象受损。

三、羊肉品质评价助力羊肉品牌化

为保证我国羊肉品牌实现良性发展，增强品牌化效应，肉品品质的评价成为促进羊肉品牌化发展的重要手段之一。肉品品质主要包括四大方面：食用品质、营养品质、加工品质、安全品质。

农产品已然进入了品质化的消费时代，品质评价能够为品牌化奠定坚实的数据基础和理论依据，用以满足消费者对农业生产及农产品种类和结构的新型消费诉求。国家多次强调，要加快农业产业结构调整，优化农业生产力布局，依托地区资源天赋和历史文化基础，壮大区域特色优势产业，推动区域农产品公共品牌建设，形成以区域公用品牌、企业品牌、特色农产品品牌为核心的农业品牌格局。对农产品的甄别选择，短期来说价格机制就可以解决问题，但从长期的角度来说声誉机制的建立才是一个长效问题，才能为产品增值提供更大的空间。品质评价有利于促进市场监督管理机制的健全发展，有利于解决农产品市场当前的混同状态，有利于区分质量高低不同的产品，有利于消费者对产品质量进行有效识别，从而实现优质优价。

内蒙古拥有悠久的农畜生产历史，地理位置东西南北跨度大，土地植被种类丰富，为多元化的农业生产提供了良好的自然气候条件，不同地区依托当地独特的地域特色、历史文化、气候条件等形成了一批知名地理标志特色农产品。这些地方特色农产品的发展由于具有较高的品牌化发展潜力和经济价值，在农产品消费市场容易区别于普通农产品，更能获得市场认可，在促进各地区经济发展和带动农民农业增收中发挥了重要作用。因此，在当前我国消费市场高质量发展阶段，消费结构升级转变和农产品地理标志品牌发展的大背景下，很有必要强化品质评价体系对当前农产品地理标志品牌的积极效应，助力“三农”问题的解决，推进农产品市场均衡发展、农业现代化发展以及地方区域经济的良性发展。

四、达茂草原羊的特点与优势

黄金纬度，边疆腹地，1.8万km^{2}的天然牧场，历经数千年游牧时光的洗礼，遵循人文与自然的选择，沉淀了塞外文明的无数精华，慰藉了大漠边关的人们。达茂旗地处阴山北麓，拥有覆盖面积超过90%的天然草场，是“风吹草低见牛羊”的真实写照。这里水草丰美、物产丰富，这里五畜兴旺、安定和谐，这里是重要的绿色畜牧业产品生产加工基地，是祖国北方重要的生态安全屏障，北疆一道亮丽的风景线。

在希拉穆仁草原上，羊与自然和谐共生。千百年来，勤劳智慧的蒙古族牧民在这片土地繁衍生息，驯化、培育了名传塞北的草原珍宝——达茂草原羊。达茂草原羊味鲜美，零膻味，富营养，每一口都离不开生态的护佑与大自然的馈赠。

达茂草原上有腾格淖尔、乌兰淖尔、赛打不苏等六大水系，河淖面积6 800 km^2；艾不盖河、希拉穆仁河等9条河流蜿蜒曲折，总流域面积近14 000 km^2，遍布全境。根据农业农村部质量监督检测中心报告显示，达茂草原羊的养殖加工用水均符合《绿色食品产地环境质量》（NY/T 391—2013）的相关要求，健康无污染，属于绿色食品。达茂草原以栗钙土、草甸土为主，有机无污染，通风透光好，土质疏松，孕育出多种优质牧草及中草药，为达茂草原羊提供了天然“粮库”。这里四季分明，光照充足，昼夜温差大，利于植物养分积累，适宜优质牧草生长。年日照时数3 000 h，促进了草原羊的养分吸收与新陈代谢，让每只羊在自然条件下茁壮成长。

4 000余年的驯养与陪伴，让达茂人民成为最有经验的牧人，他们爱羊如同爱护自己的生命。家喻户晓的草原英雄小姐妹——龙梅和玉荣就是典型代表，达茂儿女将她们的英雄精神传承至今。2 297万亩天然草牧场，生长着碱韭、沙葱、针茅等优质牧草及黄芪、防风、柴胡、知母等天然中草药共计477种。以此为食，达茂草原羊肉香而不膻，自带百草清香。每一只达茂草原羊的成长，都要经历6个月以上的自然牧草饲养；日均游走20 km，日均10 h的日光浴，使其身形健美，肉质弹韧，更富营养。以游牧为生的蒙古族人民一直重视畜种的繁育工作。达茂草原羊属于蒙古系绵羊的一个优良类群，是由蒙古苏尼特氏部落自13世纪以来长期在戈壁游牧选育的结果。目前虽普遍将戈壁羊称为苏尼特羊，但戈壁羊其实又有不同，主要表现在尾型更短小，尾脂沉积更少，肉质更好。

达茂草原羊即属于优质草原戈壁短尾羊，是达茂旗历经13年，于1997年培育出的绵羊肉用型优良品种。在此基础上，1998年达茂旗启动牲畜“种子工程”，建设繁育基地，选育出表现良好的戈壁羊，引进国内外优质肉用种羊，不断推进草原戈壁短尾羊的改良工作。2016年，草原戈壁短尾羊的育种工作得到包头市政府的大力支持，成为农牧民饲养的主力品种。通过代代选育，草原戈壁短尾羊的尾重得到极大改善，且肉质具备高蛋白质、多氨基酸、零膻味的特点。为保障肉羊产业持续健康发展，达茂旗形成了“育种科研室+种羊基地+扩繁场+核心群”四位一体的羊产业发展模式，制定了科学的养殖加工综合标准，着手开发建设羊肉全产业链追溯平台，力求对达茂草原羊的养殖、加工实现全流程监管，让每一只羊都能找到来时的路，都能放心、安心地走向市场，走到消费者的餐桌。2008年年底，“达茂草原羊”作为包头市第一件证明商标，被国家工商行政管理总局[①]正式核准注册，并于2009年入选亚太地区地理标志参展产品；2011年5月，在“第六届中国国际有机农产品博览会”上，达茂草原羊肉从200多家中外参展企业中脱颖而出，成为博览会上唯一获奖的牛羊肉产品，证实和赋予了“达茂草原羊”有机牛羊产品的含义；同年7月，达茂旗达尔汗苏木牧野德彪有机牛羊肉生产基地通过检查验收，成功获得国家双有机认证，成为有机牧草种植、有机牛羊育肥加工的专业基地。历经十余年育种扩繁，2021年年底，优质的“达茂草原羊”存栏量已达110万只，出栏35万只、屠宰45万只。

达茂草原羊地理标志保护范围为包头市达茂旗全境，包括百灵庙镇、乌克镇、石宝镇、西河乡、小文公乡、巴音花镇、巴音敖包苏木、明安镇、达尔汗苏木、查干哈达苏木、希拉穆仁镇、满都拉镇共计12个乡镇（苏木）77个行政村。地理坐标为北纬41°20′～42°40′，东经109°16′～111°25′。

达茂草原羊体质结实，骨骼健壮。头形略显狭长，鼻梁隆起，耳大下垂。颈长短适中。胸深，肋骨不够开张，背腰平直，体躯稍长。四肢细长而强健，体腹为紧凑结实型。短脂尾，尾尖卷曲呈“S”形。体躯毛被多为白色，头、颈与四肢多有黑色或褐色斑块。达茂草原羊鲜羊肉的肌肉色泽鲜红或深红，有光泽，肉层厚实紧凑、肉质细嫩、肥瘦相间、味美多汁，无膻味。

一方好草造就了一域好羊，“达茂草原羊”不仅是达茂旗的一张亮丽名片，更是内蒙古“草原羊”的一张金质名片，通过各

① 现重组为国家市场监督管理总局

种渠道宣传展示，利用多种形式营销促销平台，加强产销对接，提高产品知名度，“达茂草原羊”必将会成为最有竞争力的区域公用品牌之一。

五、研究内容及目的

为探明达茂草原羊肉优势营养指标，通过对达茂草原羊核心产区牧草养分和肉品质相关分析，厘清达茂草原羊肉品质优势及产地优势，着力打造内蒙古畜产品分级、分类的“知名产品”和“优势品牌”，助推畜产品“一品一标”工程实施，夯实内蒙古畜牧业绿色发展基础。

研究内容共分为以下3项：

研究内容一：达茂草原羊肉的优势

对达茂草原羊肉进行全面分析，明确各项营养指标差异，突出其品质的特异性，为达茂草原羊肉的品质提供数据支撑。

研究内容二：达茂草原羊肌肉部位的羊肉营养品质差异性分析

对不同肌肉部位的羊肉品质进行检测，通过差异分析，确定不同肌肉部位的羊肉间的各项营养指标差异，突出其品质的特异性，为提质增效奠定可靠的数据基础。

研究内容三：产地因素对达茂草原羊肉品质的影响

以达茂草原羊肉主产区（巴音花镇、达尔汗苏木、巴音敖包苏木和明安镇）的天然草原土壤-牧草-羊肉为研究对象，利用GPS对草场定位，对项目区的土壤、牧草和家畜进行随机采样，选取土壤、牧草、羊肉等关键指标开展检测定量分析，通过聚类分析、相关分析、主成分分析等统计方法初步摸清羊肉品质与产地环境及牧草品质的关系。

第二章

样本采集、检测方法与数据统计

一、样本采集

本项目共收集肉样、草样、土样及水样共144个，覆盖包头市达茂旗下属4个苏木级行政区及对照组所在区域，具体分布如表2-1所示。其中，羊肉样本共2个品种，分别为达茂草原羊和对照组羊，试验羊为3～5周岁，采集部位为背最长肌（背肌）和股二头肌（腿肌）。采集肉样的同时，采集该牧户的草样、土样和水样。采集时间为2022年7—8月。

表2-1　达茂草原羊肉主产区样本数统计

单位：个

旗	镇/苏木	羊肉样本	牧草样本	水源样本	土壤样本
达茂旗	巴音花镇	6	3	3	3
	达尔汉苏木	24	15	15	15
	巴音敖包苏木	12	6	6	6
	明安镇	6	3	3	3
	对照组	6	3	3	3
合计		54	30	30	30

二、气候环境分析

当地气候较为特殊，使得当地动植物病虫害及微生物少，达茂草原羊适应性强，合群性强，采食性能广，母性好，泌乳能力强，有良好的适应性，有助于饲草料的积累及肌肉中脂肪沉积，且抗病力高。

达茂旗牧区平均海拔1 367 m，气候较为干燥，年蒸发量达到2 526.4 mm，全年光照时间长达2 874.6 h，平均年降水量256.2 mm，夏季温度适宜，最热月均温25.92℃，冬季严寒，最冷月气温低至-14.82℃，干燥且寒冷的气候使达茂草原羊喜干燥、恶潮湿，喜冬季寒而不冷、夏季热而不燥。产区气温适宜大部分畜种的正常繁衍生息，也是达茂草原羊的最佳生长区。

境内全年实日照时数2 581 ~ 3 200 h。作物生长季节（5—8月）日照时数在1 750 h左右，牧区海拔适中，太阳照射时间长，全年日照期长使得牧草长势良好，热能高，饲喂达茂草原肉羊后使其产肉率高，营养丰富，肉质鲜嫩多汁。

三、检测方法及主要仪器

1. 肉样的检测

采集的肉样经过去脂肪、筋膜后，部分用于测定食用加工品质，剩余肉样粉碎后，放入-20℃，用于测定营养品质及安全品质。参照《食品安全国家标准　食品中水分的测定》（GB 5009.3—2016）、《食品安全国家标准　食品中蛋白质的测定》（GB 5009.5—2016）、《食品安全国家标准　食品中脂肪的测定》（GB 5009.6—2016）、《食品安全国家标准　食品中灰分的测定》（GB 5009.4—2016）、《食品安全国家标准　食品中氨基酸的测定》（GB 5009.124—2016）、《食品安全国家标准　食品中脂肪酸的测定》（GB 5009.168—2016）、《食品安全国家标准　食品pH的测定》（GB 5009.237—2016）、《饲料中维生素E的测定　高效液相色谱法》（GB/T 17812—2008）、《肉的食用品质客观评价方法》（NY/T 2793—2015）、《食品安

全国家标准　食品中多元素的测定》（GB 5009.268—2016）、《食品安全国家标准　食品中硒的测定》（GB 5009.93—2017）等方法。

2. 草样的检测

采集的草样，经过65℃烘干后，粉碎过筛，放入自封袋中常温保存待测。参照《饲料中水分的测定》（GB/T 6435—2014）、《饲料中粗灰分的测定》（GB/T 6438—2007）、《饲料中粗蛋白的测定　凯氏定氮法》（GB/T 6432—2018）、《食品安全国家标准　食品中多元素的测定》（GB 5009.268—2016）、《饲料中粗脂肪的测定》（GB/T 6433—2006）、《饲料中硒的测定》（GB/T 13883—2008）、《青贮饲料质量检测使用手册》等方法。

3. 水样的检测

采集的水样，放置于样品瓶中4℃保存待测。参照《电导率的测定（电导仪法）》（SL 78—1994）、《水质pH的测定　玻璃电极法》（GB 6920—1986）、《生活饮用水标准检验方法　金属指标》（GB/T 5750.6—2006）等方法。

4. 土样的检测

采集的土样，经过风干后，用研钵研磨，分别过18目、60目和100目的筛子，制作成3种细度的土样，放于自封袋中常温保存待测。参照《土壤检测第6部分：土壤有机质的测定》（NY/T 1121.6—2006）、《土壤检测第2部分：土壤pH的测定》（NY/T 1121.2—2006）、《土壤检测第24部分：土壤全氮的测定　自动定氮仪法》（NY/T 1121.24—2012）、《土壤全磷测定法》（NY/T 88—1988）、《土壤全钾测定法》（NY/T 87—1988）、《土壤速效氮测定》（DB13/T 843—2007）、《土壤检测第7部分：土壤有效磷的测定》（NY/T 1121.7—2014）、《土壤速效钾测定》（DB13/T 844—2007）、《微量元素 ICP-AES快速测定土壤、水系沉积物中的20种元素》等方法。

5. 主要仪器

全自动凯式定氮仪（FOSS 8420）、电导仪（Mettler Toledo FE38）、纤维分析仪（Ankom）、气相色谱仪（日本岛津公司GC-2010plus）、全谱直读等离子体发射光谱仪ICP（利曼prodigy）、原子荧光分光光度计（北京吉天仪器AFS-9230）、电子天平（梅特勒-托利多，XS204）、紫外可见分光光度计（日本岛津，UV-2450）、微波灰化系统（CEM phoenix）、全自动氨基酸分析仪（德国塞卡姆S433D）、烘箱（Thermofisher OMH180-S）、高效液相色谱仪（Alliance e2695）、超高压液相色谱仪（美国Waters I class）等。

四、检测结果

1. 羊肉常规营养成分

达茂草原羊肉常规营养成分含量如表2-2所示。其中，含量最高的是水分，平均值为63.80%；含量最低的是灰分，为1.50%。粗脂肪在各产地中的变化最大，变异系数为85.00%；水分在各产地变化最小，变异系数为13.04%。

表2-2 羊肉常规营养成分

单位：%

项目	平均值	标准差	极小值	极大值	变异系数
水分	63.80	8.32	42.90	75.10	13.04
粗蛋白质	18.61	1.87	15.10	25.00	10.06
粗脂肪	9.48	8.06	0.20	33.00	85.00
灰分	1.50	0.20	0.66	1.90	13.54

2. 羊肉氨基酸

本次利用全自动氨基酸分析仪共测定16种氨基酸，氨基酸总体成分含量如表2-3所示。其中，谷氨酸和赖氨酸含量最高，分别为3.47%和1.95%；蛋氨酸、丝氨酸和组氨酸含量最低，分别为0.61%、0.66%和0.65%。变化差异最明显的为组氨酸和脯氨酸，变异系数为41.56%和21.55%，变化最小的为谷氨酸，变异系数为4.84%。

表2-3 羊肉氨基酸成分（鲜样）

单位：%

	平均值	标准差	极小值	极大值	变异系数
赖氨酸	1.95	0.16	1.33	2.17	8.46
亮氨酸	1.64	0.25	0.66	1.84	15.25
异亮氨酸	1.05	0.14	0.89	1.69	13.60
苏氨酸	1.03	0.08	0.88	1.23	8.07

（续表）

	平均值	标准差	极小值	极大值	变异系数
缬氨酸	1.01	0.12	0.56	1.11	11.47
苯丙氨酸	0.86	0.07	0.58	0.94	8.44
蛋氨酸	0.61	0.10	0.52	1.10	15.96
谷氨酸	3.47	0.17	3.11	3.76	4.84
天冬氨酸	1.90	0.15	1.08	2.09	8.03
精氨酸	1.38	0.13	0.83	1.53	9.53
丙氨酸	1.22	0.07	0.98	1.33	5.86
甘氨酸	1.09	0.06	0.97	1.23	5.85
脯氨酸	0.83	0.18	0.00	0.93	21.55
酪氨酸	0.71	0.05	0.61	0.88	7.29
丝氨酸	0.66	0.06	0.55	0.76	8.48
组氨酸	0.65	0.27	0.48	1.93	41.56

3. 羊肉脂肪酸

本次共测定了36种脂肪酸的含量，包括17种饱和脂肪酸与19种不饱和脂肪酸，如表2-4所示。平均总脂肪酸含量为2.78%，总脂肪酸中含量大于1%的脂肪酸分别为豆蔻酸（C14：0）、棕榈酸（C16：0）、十七烷酸（C17：0）、硬脂酸（C18：0）、油酸（C18：1n-9C顺-9）、亚油酸（C18：2）。其中，油酸占总脂肪酸比例最高，为37.363%。

表2-4　羊肉脂肪酸成分含量

单位：%

项目	鲜样中含量	总脂肪酸中含量	项目	鲜样中含量	总脂肪酸中含量
C4：0 丁酸	0.000	0.000	C18：2n-6t 反亚油酸	0.005	0.046
C6：0 已酸	0.000	0.000	C18：3n-3 亚麻酸	0.067	0.617
C8：0 辛酸	0.000	0.002	C18：3n-6r 亚麻酸	0.007	0.062
C10：0 葵酸	0.017	0.158	C20：0 花生酸	0.014	0.130
C11：0 十一酸	0.000	0.000	C20：1 顺-11-二十烯酸	0.003	0.025
C12：0 月桂酸	0.041	0.374	C20：2 顺-11,14-二十碳二烯酸	0.001	0.010
C13：0 十三酸	0.000	0.000	C20：3n-3 顺-11,14,17-二十碳三烯酸	0.000	0.001
C14：0 豆蔻酸	0.369	3.390	C20：3n-6 顺-8,11,14-二十碳三烯酸	0.001	0.010
C14：1 肉豆蔻脑酸	0.016	0.145	C20：4n-6 花生四烯酸	0.001	0.006
C15：0 十五烷酸	0.079	0.727	C20：5n-3 二十碳五烯酸	0.005	0.045

（续表）

项目	鲜样中含量	总脂肪酸中含量	项目	鲜样中含量	总脂肪酸中含量
C15：1cis-10 顺-10-十五烯酸	0.000	0.000	C21：0 二十一烷酸	0.002	0.017
C16：0 棕榈酸	0.949	8.722	C22：0 山嵛酸	0.001	0.013
C17：0 十七烷酸	0.226	2.073	C22：1n-9 芥酸	0.000	0.002
C17：1cis-10 顺-10-十七碳烯酸	0.002	0.019	C22：2 顺-13,16- 二十二碳二烯酸	0.001	0.005
C18：0 硬脂酸	2.033	18.678	C22：6n-3 二十二 碳六烯酸	0.006	0.056
C18：1n-9c 顺-9-油酸	4.067	37.363	C23：0 二十三烷酸	0.019	0.171
C18：1n-9t 反式油酸	0.036	0.327	C24：0 木蜡酸	0.001	0.005
C18：2n-6c 亚油酸	2.917	26.800	C24：1 顺-15- 木蜡酸	0.000	0.000
总脂肪酸	10.89	100.00	平均总脂肪酸	0.30	2.78

对脂肪酸进一步统计分析后，得出数据如表2-5所示。其中，含量最高的为油酸，含量为4.067%；各脂肪酸成分含量的变化差异均较大（变异系数>70%），其中花生四烯酸变化差异最大，变异系数为297%，C18：3n-3 亚麻酸变化最小，变异系数为73%。

表2–5　羊肉脂肪酸成分

单位：%

项目	平均值	标准差	极小值	极大值	变异系数
C10：0 葵酸	0.017	0.017	0.000	0.08	99
C12：0 月桂酸	0.041	0.071	0.000	0.40	173
C14：0 豆蔻酸	0.369	0.322	0.029	1.63	87
C14：1 豆蔻脑酸	0.016	0.021	0.000	0.11	132
C15：0 十五烷酸	0.079	0.076	0.007	0.31	96
C16：0 棕榈酸	0.949	1.099	0.029	4.12	116
C17：0 十七烷酸	0.226	0.262	0.000	1.26	116
C18：0 硬脂酸	2.033	1.564	0.000	6.87	77
C18：1n-9c 油酸	4.067	3.928	0.543	17.70	97
C18：2n-6c 亚油酸	0.294	0.344	0.000	1.58	117
C18：3n-3 亚麻酸	0.067	0.049	0.000	0.22	73
C18：3n-6r 亚麻酸	0.007	0.018	0.000	0.09	268
C20：0 花生酸	0.014	0.014	0.000	0.07	99
C20：1 顺-11-二十烯酸	0.003	0.005	0.000	0.03	187
C20：2 顺-11,14-二十碳二烯酸	0.001	0.003	0.000	0.01	294
C20：3n-6 顺-8,11,14-二十碳三烯酸	0.001	0.002	0.000	0.01	229

（续表）

项目	平均值	标准差	极小值	极大值	变异系数
C20：4n-6 花生四烯酸	0.001	0.002	0.000	0.01	297
C20：5n-3 二十碳五烯酸	0.005	0.004	0.000	0.02	90
C22：6n-3 二十二碳六烯酸	0.006	0.006	0.000	0.03	92
C23：0 二十三烷酸	0.019	0.018	0.000	0.13	98

4. 羊肉矿物质元素及维生素

羊肉的矿物质元素及维生素含量表2-6所示。其中，除了钙外，各成分含量的变化差异均较小（变异系数<40%），其中钙的含量变异系数为55.91%。

表2-6　羊肉矿物质元素及维生素成分（鲜样）

单位：mg/100 g

项目	平均值	标准差	极小值	极大值	变异系数（%）
钾	354.82	39.58	240.10	440.90	11.16
钠	55.63	9.95	38.20	85.90	17.88
镁	23.25	2.90	15.40	28.65	12.46
钙	11.62	6.50	4.76	46.80	55.91
锌	2.62	0.84	1.44	6.02	32.03
铁	2.04	0.41	1.27	3.22	20.06

（续表）

项目	平均值	标准差	极小值	极大值	变异系数（%）
铜	0.104	0.027	0.051	0.187	25.76
锰	0.016	0.004	0.009	0.029	24.35
硒	0.007	0.002	0.004	0.014	31.11
钼	0.000	0.000	0.000	0.002	37.59

5. 羊肉食用加工品质

羊肉食用加工品质如表2-7所示。羊肉pH值的平均值为5.83；蒸煮损失平均为0.34；剪切力和硬度分别为23.70 N和6.65 N。变化较大的为剪切力，变异系数为54.84%；变化较小的为pH值，变异系数为2.95%。

表2-7　羊肉食用加工品质

项目	平均值	标准差	极小值	极大值	变异系数（%）
pH值	5.83	0.17	5.48	6.37	2.95
色差L（30～45）	38.37	3.02	32.08	44.63	7.87
色差a（10～25）	13.36	2.02	10.07	18.39	15.12
色差b（5～15）	12.64	1.51	9.26	14.99	11.92
蒸煮损失	0.34	0.09	0.19	0.93	25.86
剪切力（N）	23.70	13.00	6.20	79.64	54.84
硬度（N）	6.65	3.42	0.99	16.46	51.45

6. 牧草常规营养成分

牧草常规营养成分如表2-8所示。其中，变化较大的为产量，变异系数为58.57%；变化较小的为中性洗涤纤维，变异系数为8.55%。

表2-8　牧草常规营养成分

项目	平均值	标准差	极小值	极大值	变异系数（%）
产量（kg/亩）	59.35	34.76	11.33	139.67	58.57
水分（%）	45.10	12.91	22.08	74.88	28.62
干物质（%）	49.56	13.22	18.97	72.87	26.67
粗蛋白质（%DM）	13.90	2.90	9.10	19.25	20.82
粗脂肪（%DM）	1.42	0.33	0.85	1.90	23.30
粗灰分（%DM）	9.32	2.61	5.11	13.29	27.94
中性洗涤纤维（%DM）	55.30	4.73	47.46	63.07	8.55
酸性洗涤纤维（%DM）	27.75	2.46	22.12	32.74	8.88

7. 牧草矿物质元素

牧草矿物质元素含量如表2-9所示。其中，变化较大的为硒元素，变异系数为37.20%；变化较小的为铜元素，变异系数为12.90%。

表2-9　牧草矿物质元素

项目	平均值	标准差	极小值	极大值	变异系数（%）
钙（g/kg）	6.75	1.66	3.97	9.78	24.66

（续表）

项目	平均值	标准差	极小值	极大值	变异系数（%）
镁（g/kg）	2.11	0.50	1.17	2.83	23.72
锌（g/kg）	25.88	5.31	17.33	33.53	20.53
锰（mg/kg）	58.18	8.97	43.81	77.18	15.42
钼（mg/kg）	2.31	0.14	1.37	3.51	20.53
硒（μg/kg）	44.37	16.51	23.38	86.99	37.20
铜（mg/kg）	8.48	1.09	6.78	10.68	12.90

8. 水样营养物质

饮用地下水营养物质成分如表2-10所示。达茂草原羊产地水样电导率为951.16 μS/cm，水总硬度为99.66 mg/L，pH值为7.78，钾含量为3.71 mg/kg，钠含量为138.60 mg/kg，钙含量为51.27 μg/kg，镁含量为44.37 mg/kg。其中，变化较大的为钙元素和水总硬度，变异系数为47.21%和41.53%；变化较小的为pH值，变异系数为4.03%。

水样中没有检测到大肠杆菌，能保证日常所需矿物质及微量元素摄入。总而言之，达茂草原肉羊饲养所用饮水，符合《农用水源环境质量监测技术规范》（NY-T 396—2000），且健康无杂质，水质类型属重碳酸盐及重碳酸盐钙镁型，水源及流域无有害工业、生活污染。

表2-10　饮用地下水营养物质

项目	平均值	标准差	极小值	极大值	变异系数（%）
水电导率（μS/cm）	951.16	275.43	539.65	1 440.50	28.96
水总硬度（mg/L）	99.66	41.39	46.27	200.11	41.53
pH值	7.78	0.32	7.39	8.84	4.03
钾（mg/kg）	3.71	1.21	1.47	6.11	32.48
钠（mg/kg）	138.60	50.35	66.23	218.07	36.33
钙（μg/kg）	51.27	24.20	17.01	109.36	47.21
镁（mg/kg）	44.37	13.88	29.21	73.08	31.29

9. 土壤营养物质

达茂草原羊产地土壤营养物质成分如表2-11所示。其中，有机质含量为16.06 g/kg, pH值为7.8，全氮、全磷和全钾分别为0.10%、0.05%和2.61%，速效氮、有效磷、速效钾含量分别为98.88 mg/kg、5.13 mg/kg和226.14 mg/kg。其他养分元素中，钠含量为22.01 g/kg，钙含量为14.23 g/kg，镁含量为5.40 g/kg，铁含量为13.81 g/kg，锰含量为0.33 g/kg，铜含量为16.48 mg/kg, 锌含量为42.51 g/kg。变化较大的为钙元素，变异系数为71.57%；变化较小的为pH值和铜元素，变异系数分别为6.30%和10.00%。

达茂草原羊放牧地区海拔大多在1 367 m上下，产区远离工业污染源，土质层适中，地势平坦，土壤呈弱碱性，钙、铁、镁等矿物质丰富，能满足多种植物生长需求，适宜多种类型饲草的生长。土壤结构良好，水肥气热状况比较协调，土壤疏松，所采土样外观呈粉末状、颗粒或块状，土黄色、微潮湿或潮湿、无霉变，塑料袋包装，土壤质地为微碱性土壤，pH值为7.39～8.84，适宜小半灌木、禾本科、菊科、蓼科等耐旱植物生长，是达茂草原羊喜食的牧草种类生长的最佳地区。

表2-11　土壤营养物质（风干土样）

项目	平均值	标准差	极小值	极大值	变异系数（%）
有机质（g/kg）	16.06	7.29	8.05	26.94	45.42
pH值	7.80	0.49	6.93	8.52	6.30
全氮（%）	0.10	0.04	0.05	0.16	37.99
全磷（%）	0.05	0.01	0.03	0.06	18.57
全钾（%）	2.61	0.30	2.07	3.28	11.49
速效氮（mg/kg）	98.88	41.23	50.20	153.42	41.69
有效磷（mg/kg）	5.13	1.70	2.85	9.79	33.16
速效钾（mg/kg）	226.14	81.58	146.78	395.23	36.08
钠（g/kg）	22.01	11.03	11.09	41.61	50.11
钙（g/kg）	14.23	10.18	5.66	37.92	71.57
镁（g/kg）	5.40	2.87	2.61	12.35	53.21
铁（g/kg）	13.81	3.34	8.03	21.95	24.82
锰（g/kg）	0.33	0.08	0.21	0.56	24.36
铜（mg/kg）	16.48	1.65	12.49	19.18	10.00
锌（mg/kg）	42.51	5.86	28.61	54.60	13.79

五、小　结

达茂旗地处大青山西北内蒙古高原地带，饮水检测为天然弱碱性，水源清澈无污染。放牧草地为半荒漠性草原，土壤呈弱碱性且无农药残留，各种有害重金属含量远低于国家标准，富含钙、铁、镁等矿物质，牧草均为弱碱性草。而从土壤资源和草地资源来看，达茂旗多为弱碱性土壤，pH值为7.80上下，适宜玉米和小麦等饲料农作物生长，也适宜多种荒漠性植物生长。从水文资源来看，达茂旗内饮水除大气降水以外，饮水来源由河水和地下水组成，水硬度适中，在国家饮水范围内，弱碱性的水源也能有利动物调节体内环境，饮用水的随机取样检测发现，水pH值为7.78，呈天然弱碱性，含有锌、硒等矿物质。经调查研究显示，健康动物体质均呈弱酸性，亚健康体质摄入弱碱性的物质可中和体内多余的酸，所以弱碱性饮水对动物身体健康有积极影响。

达茂草原羊以天然放牧为主，具有优越的肉羊生产气候条件，优质的牧草资源，饮水为河水，饲料以自然生长的牧草和农作物秸秆为主，这种独特的自然生态条件形成了达茂草原羊耐粗饲、抗病力强等优良特性。而从常量元素来看，饲料中钾、铁、镁等含量均远远超过饲草料规定的最低标准线，钾含量达到6.75 g/kg，镁含量达到2.11 g/kg，锌含量达到25.88 g/kg，粗蛋白质含量达到13.90%，但脂肪含量较低，仅占1.42%，需补充其他含优质脂肪饲料进行补充，根据需要可适当补充蛋白饲料。

pH值与肉品的肉色、嫩度以及感官品质有密不可分的联系，羊肉的pH值为5.48 ~ 6.37，宰后肌内糖原酵解，乳酸累积，因此pH值会下降到一定范围内，不同产地、性别的肉羊屠宰后pH值也不尽相同。肉的颜色是判断肌肉新鲜程度的一个重要指标，也是消费者在购买时最直观的评价标准，肉品色度表达中，L*表达为样品的亮度值，L*越大，肌肉的颜色越鲜艳。通常我们用剪切力的大小来表达肌肉的嫩度，剪切力与结缔组织对熟肉韧性的贡献相关，剪切力越小，肉的嫩度越好，运动量不同的部位肌肉中肌纤维粗细也不同，结缔组织的含量和种类都有所不同，因此在部位间，运动量大的肌肉的结缔组织更加紧密，剪切力也较大。而本研究的硬度指标是在鲜肉情况下，利用质构仪对羊肉进行TPA测试，该测试能反映生肉状态下肉的口感指标。通过生肉与熟肉的数据对比，可以得出，在实际食用时，达茂草原羊肉的口感表现为更有嚼劲。蒸煮损失反映了肉品的持水力，影响加工过程最终的熟肉率，达茂草原羊肉蒸煮损失只有0.34%，具有重要的经济意义。

总之，研究中主要对144个样本进行检测，通过对检测结果的整理分析发现：①肉样中的粗脂肪（变异系数=85.00%）、主要脂肪酸（变异系数>70.00%）及组氨酸（变异系数=41.56%）差异较大；②草样中的亩产量、水分、干物质、粗蛋白质、粗脂肪、粗灰分（变异系数>20%）及各项矿物质元素（变异系数>10%）的差异较大；③水样中的电导率、总硬度、钾、钠、钙、镁元素（变异系数>25%）的差异较大；④土样中的常规营养物质及矿物质（变异系数>10%）均有较大差异。

第三章

达茂草原羊肉营养成分分析

在达茂草原羊与对照组的主产区采集羊肉样本，共选择5个采样点（即5个苏木/镇），苏木/镇之间的空间距离在100 km以上，具体采集地见第二章表2-1。试验羊选取的年龄为3周岁，选取部位为背最长肌。对检测数据统计分析结果如下。

一、达茂草原羊肉常规营养成分分析

达茂草原羊肉常规营养成分如图3-1和表3-1所示。其中，粗脂肪呈显著差异，粗蛋白质、水分和粗灰分无显著差异。达茂草原羊的水分和粗蛋白质含量低于《中国食物成分表（标准版　第六版）》中的参考标准，其余指标均高于参考标准。尤其是脂肪的含量，说明达茂草原羊肉的肉间脂肪丰富，这会为肉质的口感提供很好的物质基础。

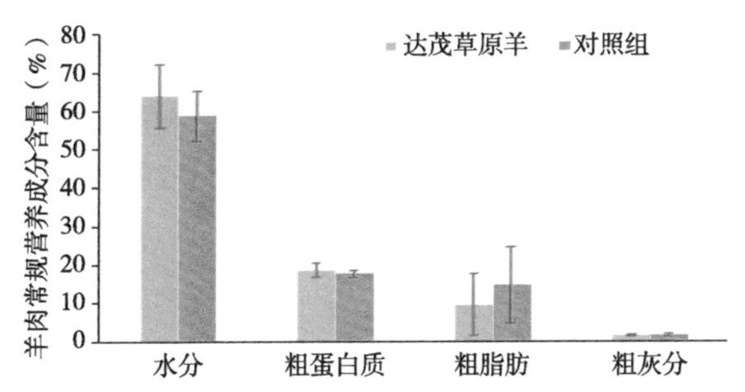

图3-1　达茂草原羊肉与对照组羊肉常规营养成分（鲜肉）

表3-1　达茂草原羊肉与对照组羊肉常规营养成分（鲜肉）

单位：%

项目	达茂草原羊	对照组羊	达茂草原羊较对照组羊相比增加	*P*值	参考值
水分	63.80	58.68	8.73	0.06	75.4
粗蛋白质	18.61	17.62	5.62	0.11	20.5

（续表）

项目	达茂草原羊	对照组羊	达茂草原羊较对照组羊相比增加	*P*值	参考值
粗脂肪	9.48	14.63	−35.20	0.04	1.6
粗灰分	1.50	1.53	−1.96	0.25	0.9

注：参考值来自《中国食物成分表（标准版　第六版）》，2019年，北京大学医学出版社。选定的参考项目为羊肉（里脊）。全书同。

二、达茂草原羊肉氨基酸成分分析

氨基酸是生物功能蛋白质的基本单位，其种类和含量决定着蛋白质的营养价值，其中苏氨酸、缬氨酸、蛋氨酸、异亮氨酸、亮氨酸、苯丙氨酸、赖氨酸为成年人的必需氨基酸，另外婴儿所需的必需氨基酸还包括精氨酸和组氨酸，本试验将精氨酸和组氨酸分类在半必需氨基酸中。此外，半必需氨基酸还包括天冬氨酸、丝氨酸、谷氨酸、脯氨酸、甘氨酸、丙氨酸、酪氨酸。

达茂草原羊肉氨基酸成分如图3-2和表3-2所示。不同的氨基酸成分差别明显，达茂草原羊肉中的赖氨酸、亮氨酸、谷氨酸、天冬氨酸含量显著高于其他氨基酸。

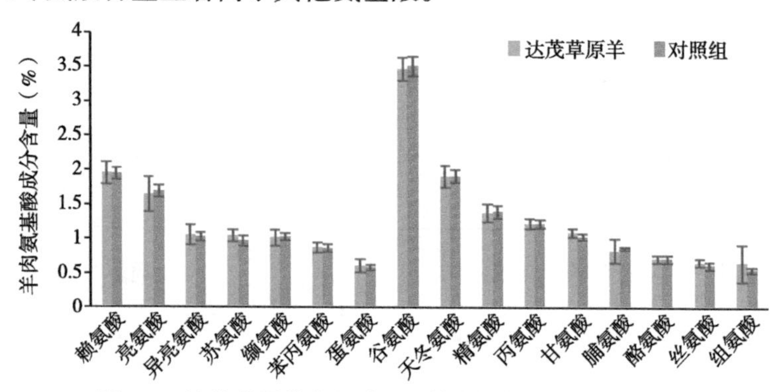

图3-2　达茂草原羊肉和对照组羊肉氨基酸成分（鲜肉）

必需氨基酸指人体不能合成或合成速度远不能适应机体需要，必须由食物蛋白质供给的氨基酸，否则就不能维持机体的氮平衡并影响健康。根据联合国粮食及农业组织和世界卫生组织提出的EAA标准模式，按照氨基酸比值系数法，分别计算氨基酸比值（RAA）、氨基酸比值系数（RC）和蛋白质的比值系数分（SRC）。达茂草原羊必需氨基酸的含量（总氨基酸中）如表3-3所示。其中，蛋氨酸的含量没有达到FAO/WHO推荐模式中的含量要求，为限制氨基酸；组氨酸为婴儿必需氨基酸，已满足FAO/WHO推荐模式的含量要求；其他必需氨基酸均超过FAO/WHO推荐模式的含量，表明达茂草原羊具备较优必需氨基酸组合比例。如表3-4所示，通过氨基酸比值系数法，计算得出达茂草原羊的SRC评分是59.86分，未达到参考值，但也相差不大。

表3-2　达茂草原羊肉和对照组羊肉氨基酸成分（鲜肉）

项目	达茂草原羊	对照组羊	达茂草原羊较对照组羊相比增加	*P*值	参考值
氨基酸总量（%）	20.05	19.87	0.91	0.23	17.812
必需氨基酸（%）	8.15	8.08	0.87	0.24	7.521
赖氨酸（%）	1.95	1.94	0.52	0.47	1.832
亮氨酸（%）	1.64	1.69	−2.96	0.30	1.589
异亮氨酸（%）	1.05	1.03	1.94	0.43	0.843
苏氨酸（%）	1.03	0.96	7.29	0.07	1.055

（续表）

项目	达茂草原羊	对照组羊	达茂草原羊较对照组羊相比增加	P值	参考值
缬氨酸（%）	1.01	1.02	−0.98	0.36	0.957
苯丙氨酸（%）	0.86	0.86	0.00	0.44	0.429
蛋氨酸（%）	0.61	0.58	5.17	0.32	0.211
半必需氨基酸（%）	11.90	11.79	0.93	0.22	10.291
谷氨酸（%）	3.47	3.51	−1.14	0.29	2.668
天冬氨酸（%）	1.90	1.91	−0.52	0.42	1.739
精氨酸（%）	1.38	1.40	−1.43	0.34	1.236
丙氨酸（%）	1.22	1.22	0.00	0.46	1.033
甘氨酸（%）	1.09	1.03	5.83	0.03	0.971
脯氨酸（%）	0.83	0.86	−3.49	0.32	0.919
酪氨酸（%）	0.71	0.71	0.00	0.44	0.678
丝氨酸（%）	0.66	0.61	8.20	0.08	0.729
组氨酸（%）	0.65	0.54	20.37	0.19	0.605
EAA/TAA	0.41	0.41	0.00	0.59	0.422
EAA/NEAA	0.68	0.69	0.00	0.61	0.731

注：EAA，必需氨基酸；TAA，氨基酸总量；NEAA，非必需氨基酸。全书同。

表3–3　达茂草原羊肉和对照组羊肉必需氨基酸成分（占总氨基酸）

单位：%

项目	赖氨酸	亮氨酸	异亮氨酸	苏氨酸	缬氨酸	苯丙氨酸+酪氨酸	蛋氨酸
达茂草原羊	9.72	8.19	5.22	5.15	5.03	7.84	3.03
对照组羊	9.77	8.50	5.17	4.83	5.14	7.90	2.92
参考值	10.29	8.92	4.73	5.92	5.37	6.21	2.97
FAO/WHO推荐模式	5.50	7.00	4.00	4.00	5.00	6.00	3.50

表3–4　达茂草原羊肉和对照组羊肉必需氨基酸成分FAO/WHO模式评分

项目		赖氨酸	亮氨酸	异亮氨酸	苏氨酸	缬氨酸	苯丙氨酸+酪氨酸	蛋氨酸	组氨酸	SRC（分）
FAO/WHO推荐模式（mg/g）		55	70	40	40	50	60	35	17	
达茂草原羊	RAA	1.77	1.17	1.30	1.29	1.01	1.31	0.87	1.91	59.86
	RC	1.62	1.37	0.87	0.86	0.84	1.31	0.51	0.54	
对照组羊	RAA	1.78	1.21	1.29	1.21	1.03	1.32	0.83	1.61	61.61
	RC	1.59	1.38	0.84	0.78	0.83	1.28	0.47	0.44	
参考值	RAA	1.87	1.27	1.18	1.48	1.07	1.04	0.85	2.00	73.06
	RC	1.39	0.95	0.88	1.10	0.80	0.77	0.63	1.48	

注：RAA，氨基酸比值；RC，氨基酸比值系数；SRC，蛋白质的比值系数分。全书同。

三、达茂草原羊肉脂肪酸成分分析

达茂草原羊肉脂肪酸成分如图3-3和表3-5所示。除了亚油酸外，其他成分均呈显著差异。总脂肪酸含量10.89%；饱和脂肪酸含量3.35%，其中棕榈酸为0.95%，硬脂酸为2.03%，豆蔻酸为0.37%；单不饱和脂肪酸含量4.08%，其中主要为油酸；多不饱和脂肪酸含量0.36%；其中亚油酸为0.29%，亚麻酸为0.07%。人体中除了我们可以从食物中得到脂肪酸之外，还可以自身合成多种脂肪酸。有3种脂肪酸（亚油酸、亚麻酸及花生四烯酸）人体无法合成，只能从食物中获得，这就是我们称为的必需脂肪酸。当人体里摄入亚油酸多了会表现为血黏稠度高，血管会引起痉挛，而亚麻酸在人体里具有抗血栓形成、降低血脂舒张血管和消炎的作用。

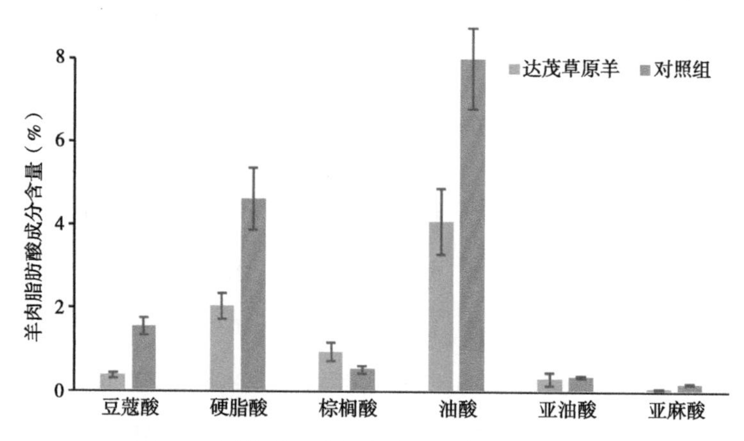

图3-3 达茂草原羊肉和对照组羊肉脂肪酸成分

从表3-6可看出，达茂草原羊的饱和脂肪酸比例、单不饱和脂肪酸比例和多不饱和脂肪酸比例均略低于参考值。饱和脂肪酸中，棕榈酸和硬脂酸比例分别为7.37%和15.77%；单不饱和脂肪酸中，油酸比例为31.67%；多不饱和脂肪酸中，亚油酸比例为2.29%，而亚麻酸比例为0.52%。通过综合分析，达茂草原羊硬脂酸、棕榈酸和油酸含量较丰富，能够提供更多的该类脂肪酸。

表3–5　达茂草原羊肉和对照组羊肉脂肪酸成分

项目	达茂草原羊	对照组羊	达茂草原羊较对照组羊相比增加	*P*值	参考值
总脂肪酸（%）	10.89	16.10	−32.36	0.000	1.500
饱和脂肪酸（%）	3.35	6.69	−49.93	0.000	0.700
豆蔻酸（%）	0.37	1.56	−76.28	0.000	0.032
硬脂酸（%）	2.03	4.62	−56.06	0.001	0.354
棕榈酸（%）	0.95	0.52	82.69	0.001	0.296
单不饱和脂肪酸（%）	4.08	7.99	−48.94	0.017	0.600
油酸（%）	4.08	7.99	−48.94	0.017	0.549
多不饱和脂肪酸（%）	0.36	0.53	−32.08	0.343	0.200
亚油酸（%）	0.29	0.35	−17.14	0.379	0.116
亚麻酸（%）	0.07	0.18	−61.11	0.000	0.030
UFA/FA	0.34	0.53	−35.85	0.268	0.533
UFA/SFA	1.33	1.27	4.72	0.000	1.143

注：UFA，不饱和脂肪酸。

表3-6　达茂草原羊肉与对照组羊肉脂肪酸比例（总脂肪酸中）

单位：%

项目	达茂草原羊	对照组羊	达茂草原羊较对照组羊相比增加	*P*值	参考值
饱和脂肪酸	26.00	41.58	−37.47	0.000	48.000
豆蔻酸	2.86	9.68	−70.45	0.000	2.100
硬脂酸	15.77	28.66	−44.98	0.001	23.600
棕榈酸	7.37	3.23	128.17	0.000	19.700
单不饱和脂肪酸	31.67	49.62	−36.17	0.017	39.900
油酸	31.67	49.62	−36.17	0.017	36.600
多不饱和脂肪酸	2.81	3.30	−14.85	0.343	11.900
亚油酸	2.29	2.16	6.02	0.379	7.700
亚麻酸	0.52	1.14	−54.39	0.000	2.000

四、达茂草原羊肉矿物质元素成分分析

锌是人体必需的微量元素，与人体许多生理功能相关，比如参与体内多种酶的合成，影响其活性的发挥，促进性器官的发育，维持正常的味觉和食欲，促进细胞的正常分化和发育，影响维生素A的代谢及视觉，参与免疫功能等。缺锌可能会导致厌食症、口腔溃疡、夜盲症等。钼也是人体必需的微量元素，在人体内钼的含量极少，仅占体重的千万分之一。虽然钼的含量极少，但它对人的生命有着不可忽视的重要作用。人的心脏肌肉中含有较高比例的钼，钼和一些酶共同维持着心肌的能量代谢。钼还可

以中断亚硝胺类强致癌物质在人体内的合成，从而防止癌变。研究表明，适当增加人体内钼的含量，不仅可以减少或杜绝消化道癌症，还可以改善血液循环，预防低色素性贫血。钼还具有明显的防龋作用。

达茂草原羊肉矿物质元素成分如表3-7所示。除了钠、铁、铜、锰和硒稍低于参考值外，羊肉的其他指标均高于参考值。其中，钾、钠、钙、铁、硒和钼呈显著差异，其余无显著差异。达茂草原羊的钾、钠、镁、钙、锌、铁含量相对较高，分别为354.82 mg/100 g、55.63 mg/100 g、23.25 mg/100 g、11.62 mg/100 g、2.62 mg/100 g、2.04 mg/100 g，而铜、锰、硒和钼含量相对较低，分别为0.10 mg/100 g、0.02 mg/100 g、0.01 mg/100 g和0.001 mg/100 g。

表3-7　达茂草原羊肉与对照组羊肉矿物质元素

单位：mg/100 g

项目	达茂草原羊	对照组羊	达茂草原羊较对照组羊相比增加（%）	*P*值	参考值
钾	354.82	300.91	17.92	0.000	161
钠	55.63	68.55	−18.85	0.000	74.4
镁	23.25	21.16	9.88	0.003	22
钙	11.62	14.63	−20.57	0.028	8
锌	2.62	2.55	2.75	0.365	1.98
铁	2.04	1.27	60.63	0.000	2.8

（续表）

项目	达茂草原羊	对照组羊	达茂草原羊较对照组羊相比增加（%）	*P*值	参考值
铜	0.10	0.10	0.00	0.139	0.15
锰	0.02	0.05	−60.00	0.000	0.05
硒	0.01	0.01	0.00	0.028	5.53
钼	0.001	0.001	0.00	0.001	—

五、小　结

与对照组羊相比，在常规营养物质中，由于放牧与舍饲结合的饲养方式，达茂草原羊运动量较大，脂肪低，牧草食用种类多也使得达茂草原羊肉中的水分含量较高，由于达茂草原羊品系中由内蒙古羊杂交而来，对达茂草原羊的营养品质进行分析发现其粗脂肪含量较低，但蛋白质含量较高，可在今后补饲管理中增加一些蛋白饲料，补充营养，继续提升蛋白含量。放牧达茂草原羊粗脂肪低的原因可能与饲料有关，研究者对荒漠草原不同月份的牧草营养成分进行比较，结果发现牧草中粗脂肪含量在8月中旬生长期最低，而本次采样时间为9月中旬，放牧达茂草原羊牧草中粗脂肪含量低，肉质中脂肪含量也相应较低。北方放牧地牧草蛋白质较低，是北方放牧绵羊主要营养限制因素。还有研究者研究了不同饲养管理模式对羊肉中脂肪酸含量的影响，结果发现放牧组羊肉中豆蔻酸、棕榈酸等含量低于舍饲组，与本研究结果部分相同。氨基酸既可以发生美拉德反应参与香味的生成，又可以作为呈味物质增强肉的滋味特征，刺激消费者的味觉。达茂草原羊肉中呈味氨基酸可在肉类滋味中呈现不同风味。甜味类氨基酸主要有丝氨酸、甘氨酸、丙氨酸、脯氨酸、苏氨酸，鲜味类氨基酸主要有天冬氨酸、谷氨酸、甘氨酸、丙氨酸，芳香族类氨基酸主要有酪氨酸和苯丙氨酸。本研究中，达茂草原羊肉中鲜味氨基酸天冬氨酸、谷氨酸、丙氨酸，甜味氨基酸丝氨酸含量均较高，其中谷氨酸在氨基酸总量中含量最高，作为风味物质，谷氨酸是主要的肉鲜味物质，还能减轻或抑制酸、咸等不良风味。达茂草原羊肉中支链氨基酸含量，主要是指α-碳上含有分支脂肪烃链的中性氨基酸，包括亮氨酸、异亮氨酸和缬氨酸，支链氨基酸不仅是能量来源的一部分，更有其特殊的药用价值，具有抗疲劳的功效，支链氨基酸影响蛋白质的合成和分解，在免疫调节方面具有重要意义，近年来对其研究火热，广泛应用于食品及饲料、医疗医药等方面。

达茂草原羊肉的赖氨酸、亮氨酸、谷氨酸、天冬氨酸含量较高。赖氨酸是人类和哺乳动物的必需氨基酸之一，机体不能自身合成，必须从食物中补充。赖氨酸主要存在于动物性食物和豆类中，谷类食物中赖氨酸含量很低。赖氨酸在促进人体生长发育、增强机体免疫力、抗病毒、促进脂肪氧化、缓解焦虑情绪等方面都具有积极的营养学意义，同时也能促进某些营养物质的吸收，能与一些营养物质协同作用，更好地发挥各种营养物质的生理功能。亮氨酸、异亮氨酸和缬氨酸都是支链氨基酸，它们有助于促进训练后的肌肉恢复。其中亮氨酸是最有效的一种支链氨基酸，可以有效防止肌肉损失，因为它能够更快地分解转化为葡萄糖。

谷氨酸在生物体内的蛋白质代谢过程中占重要地位，参与动物、植物和微生物中的许多重要化学反应。味精中含少量谷氨酸。天冬氨酸普遍存在于生物合成作用中，它是生物体内赖氨酸、苏氨酸、异亮氨酸、蛋氨酸等氨基酸及嘌呤、嘧啶碱基的合成前体。它可作为K^{+}、Mg^{2+}离子的载体向心肌输送电解质，从而改善心肌收缩功能，同时降低氧消耗，在冠状动脉循环障碍缺氧时，对心肌有保护作用。它参与鸟氨酸循环，促进氨和二氧化碳生成尿素，降低血液中氮和二氧化碳的量，增强肝脏功能，消除疲劳。达茂草原羊肉中的氨基酸除蛋氨酸外均高于氨基酸FAO/WHO中的氨基酸模式比例。达茂草原羊肉中鲜味甜味物质含量、支链氨基酸含量高于《中国食物成分表（标准版　第六版）》，氨基酸评分达到FAO理想模式，是优质的肉质来源。有研究结果显示，全舍饲组的精氨酸比放牧模式少，丙氨酸、谷氨酸、亮氨酸和苯丙氨酸含量均为放牧组更高。

从脂肪酸成分来看，达茂草原羊肉是具有丰富营养价值的益气活血、强身健体的佳品。达茂草原羊硬脂酸、棕榈酸和油酸含量较丰富。饱和脂肪酸硬脂酸是自然界广泛存在的一种脂肪酸，几乎所有油脂中都有含量不等的硬脂酸，在动物脂肪中的含量较高。棕榈酸在一些慢性疾病如代谢综合征、糖尿病和炎症中具有治疗作用，已经引起人们广泛关注。单不饱和脂肪酸对反刍动物乳脂形成具有重要作用，对降低胆固醇、预防心血管疾病及成长过程等方面均有重要意义。油酸能调节血脂水平，降低胆固醇，有效减少高胆固醇血症及心血管疾病的发生，降低患冠心病的概率。UFA/SFA值越高，说明脂肪酸组成中的不饱和脂肪酸比例越高，对于人体的健康越有益；因为陆生动物的不饱和脂肪酸来源非常有限，并且是脑部发育所必需的脂肪酸，因此对人体健康意义重大，因而较高UFA/SFA值的羊肉营养价值更高。达茂草原羊肉的UFA/SFA值达到了1.33，因此在有益脂肪酸组成方面，达茂草原羊肉具营养保健价值。

微量元素在体内的含量高低能直接影响动物机体的活动能力，主要通过影响机体的物质代谢、内环境稳态、免疫预防、繁殖发育等重大活动。达茂草原羊肉的钾、钠、镁、钙、锌、铁含量相对较高。钾是人体中维持体内稳态的重要物质，能够维持体内酸碱平衡，并参与神经兴奋调节，对预防中风等有重要作用。铁是血红蛋白中的必要组成元素，对血氧运输、人体生长发育、清除过氧化物有着重大意义，是人体必不可少的微量元素。钠是细胞外液中带正电的主要离子，参与水的代谢，保证体内水的平衡，调节体内水分与渗透压；维持体内酸和碱的平衡；是胰液、胆汁、汗和泪水的组成成分；钠对ATP（腺嘌呤核苷三磷酸）的生产和利用、肌肉运动、心血管功能、能量代谢都有重要作用，此外，糖代谢、氧的利用也需有钠的参与；钠对维持血压正常和增强神经肌肉兴奋性也具有重要作用。钙是生物必需的元素，对人体而言，无论肌肉、神经、体液和骨骼中，都有用Ca^{2+}结合的蛋白质。钙是人类骨、齿的主要无机成分，也是神经传递、肌肉收缩、血液凝结、激素释放和乳汁分泌等所必需的元素。钙约占人体质量的1.4%，参与新陈代谢，每天必须补充钙；人体中钙含量不足或过剩都会影响生长发育和健康。锌常被誉为智力之源，也是人体必需的微量元素，其在人体的生长发育、疾病抵抗力等方面发挥关键作用，主要参与机体的新陈代谢。铁元素也是构成人体的必不可少的元素之一。成人体内约有4～5 g铁，其中72%以血红蛋白、3%以肌红蛋白、0.2%以其他化合物形式存在，其余为储备铁。储备铁约占25%，主要以铁蛋白的形式储存在肝、脾和骨髓中。镁也是机体新陈代谢的主要参与物质，目前医学证明，镁在心血管疾病、脑卒中、癌症等疾病中扮演着关键角色，日常生活中对镁元素的适当摄入十分关键。铜的缺乏同样会引起贫血，有研究显示其可预防多种脑血管疾病，铜可通过SOD催化反应，清除体内自由基，提高机体免疫力。锰是多种酶的中心组成成分，且在脑下垂体中含量最为丰富，对男性生殖、防癌、清除体内自由基、延缓衰老等方面都有重要作用，参与多种蛋白合成与遗传信息的传递。周艳等（2020）对不同自然放牧及放牧+补饲状态下的羔羊肌肉中微量元素含量进行研究，结果发现在放牧补饲条件下的锰和硒元素低于放牧+补饲羊，钙、铁、锌元素含量均为放牧条件下的羔羊肉中含量最高。鲍宇红和冯柯（2019）对不同饲养方式下西藏岗巴羊肉品质中微量元素进行了分析，结果发现放牧+补饲组岗巴羊羊肉中钙含量显著高于放牧组和全舍饲组，但羊肉中微量元素含量与饲料成分相关。权心娇等（2015）对有无日光暖棚舍饲条件下的萨福克杂交羊肉中矿物质进行了分析，结果发现日光条件下钙、磷、镁矿物质含量均高于无日光暖棚条件羊，表明充足光照能使羊肉中钙、磷、镁含量有所增加。

通过对达茂草原羊肉的营养品质、食用加工品质数据进行分析，可以得出如下结论：①达茂草原羊肉的营养品质优于《中国食物成分表（标准版　第六版）》中的参考标准；②达茂草原羊肉具有丰富的硬脂酸、棕榈酸和油酸，达茂草原羊肉的矿物质元素中钾、钠、镁、钙、锌、铁更为丰富；③达茂草原羊肉具有优良的氨基酸组合比例；④总体来看，达茂草原羊肉达到了优质羊肉的水平。

第四章

不同部位达茂草原羊肉品质分析

本次研究在5个苏木级产区采集达茂草原羊试验样本及对照样本，选取的部位为背肌（背最长肌）和腿肌（股二头肌）。根据检测结果，统计分析结果如下。

一、不同部位达茂草原羊肉常规营养成分分析

背肌和腿肌的常规营养成分如图4-1和表4-1所示。其中，除了粗灰分无显著差异，其他成分均呈显著差异。2个部位的水分含量均低于参考标准，2个部位的粗蛋白质均低于参考值。

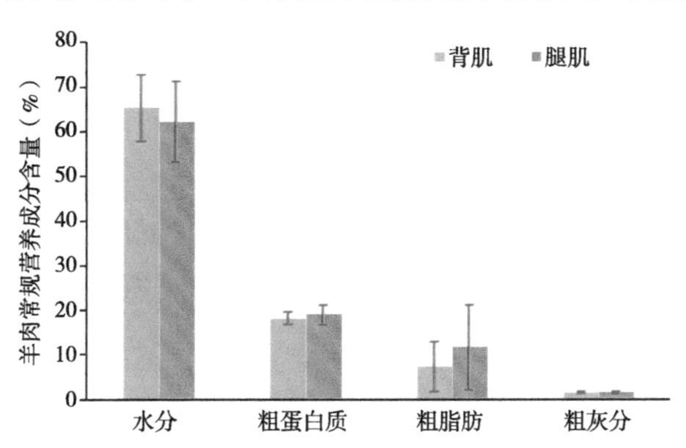

图4-1　不同部位达茂草原羊肉常规营养成分（鲜肉）

表4-1　不同部位达茂草原羊肉常规营养成分（鲜肉）

单位：%

项目	背肌	腿肌	背肌较腿肌相比增加	*P*值	背肌参考值	腿肌参考值
水分	65.34	62.25	4.96	0.06	75.4	75.1
粗蛋白质	18.20	19.01	−4.26	0.02	20.8	20.6
粗脂肪	7.27	11.70	−37.86	0.09	1.6	3.2
粗灰分	1.50	1.50	0.00	0.48	0.9	1.1

二、不同部位达茂草原羊肉氨基酸成分分析

背肌与腿肌氨基酸成分如图4-2和表4-2所示。必需氨基酸中除了赖氨酸、苏氨酸有显著差异外，其他成分均无显著性差异，可能与粗蛋白质的总量有关。必需氨基酸指人体不能合成或合成速度远不能适应机体需要，必须由食物蛋白质供给的氨基酸，否则就不能维持机体的氮平衡并影响健康。背肌与腿肌必需氨基酸的含量（总氨基酸中）如表4-3所示。其中，背肌和腿肌的蛋氨酸含量均没有达到FAO/WHO推荐模式中的含量要求。组氨酸为婴儿必需氨基酸，已满足FAO/WHO推荐模式的含量要求；其他必需氨基酸均超过FAO/WHO推荐模式的含量，表明背肌与腿肌具备较优的必需氨基酸组合比例。

根据氨基酸比值系数法，计算得出背肌与腿肌的SRC评分，如表4-4所示，背肌的评分稍高，说明其必需氨基酸的组合比例更佳。

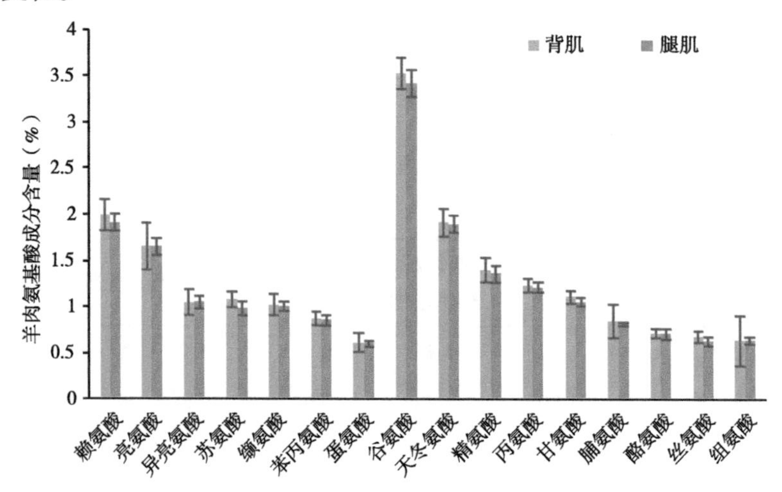

图4-2　不同部位达茂草原羊肉氨基酸成分（鲜肉）

表4-2　不同部位达茂草原羊肉氨基酸成分（鲜肉）

项目	背肌	腿肌	背肌较腿肌相比增加	*P*值	背肌参考值	腿肌参考值
氨基酸总量（%）	20.29	19.77	2.63	0.04	17.812	18.340
必需氨基酸（%）	8.25	8.04	2.61	0.03	7.521	7.940
赖氨酸（%）	1.99	1.91	4.19	0.04	1.832	1.660
亮氨酸（%）	1.65	1.65	0.00	0.48	1.589	1.560
异亮氨酸（%）	1.04	1.05	−0.95	0.46	0.843	0.820
苏氨酸（%）	1.07	0.98	9.18	0.00	1.055	0.890
缬氨酸（%）	1.02	1.00	2.00	0.35	0.957	1.070
苯丙氨酸（%）	0.87	0.85	2.35	0.18	0.429	0.790
蛋氨酸（%）	0.61	0.60	1.67	0.33	0.211	0.600
半必需氨基酸（%）	12.04	11.73	2.64	0.04	10.291	10.400
谷氨酸（%）	3.53	3.42	3.22	0.01	2.668	2.950
天冬氨酸（%）	1.91	1.90	0.53	0.35	1.739	1.800
精氨酸（%）	1.40	1.36	2.94	0.14	1.236	1.250
丙氨酸（%）	1.23	1.21	1.65	0.14	1.033	1.160

（续表）

项目	背肌	腿肌	背肌较腿肌相比增加	*P*值	背肌参考值	腿肌参考值
甘氨酸（%）	1.11	1.05	5.71	0.00	0.971	0.850
脯氨酸（%）	0.84	0.82	2.44	0.29	0.919	0.690
酪氨酸（%）	0.71	0.71	0.00	0.41	0.678	0.740
丝氨酸（%）	0.68	0.63	7.94	0.00	0.729	0.770
组氨酸（%）	0.64	0.64	0.00	0.50	0.605	0.550
EAA/TAA	0.41	0.41	0.00	0.50	0.422	0.433
EAA/NEAA	0.68	0.69	−1.45	0.23	0.731	0.763

表4–3　不同部位达茂草原羊肉必需氨基酸成分

单位：%

项目	赖氨酸	亮氨酸	异亮氨酸	苏氨酸	缬氨酸	苯丙氨酸+酪氨酸	蛋氨酸	组氨酸
背肌	9.91	8.23	5.20	5.34	5.07	7.89	3.04	3.18
腿肌	9.61	8.28	5.26	4.93	5.06	7.86	3.01	3.21
FAO/WHO推荐模式	5.50	7.00	4.00	4.00	5.00	6.00	3.50	1.70

表4-4　不同部位达茂草原羊肉必需氨基酸成分FAO/WHO模式评分

项目		赖氨酸	亮氨酸	异亮氨酸	苏氨酸	缬氨酸	苯丙氨酸+酪氨酸	蛋氨酸	组氨酸	SRC（分）
FAO/WHO推荐模式（mg/g）		55	70	40	40	50	60	35	17	
背肌	RAA	0.36	0.24	0.26	0.27	0.20	0.26	0.17	0.37	62.49
	RC	0.33	0.28	0.17	0.18	0.17	0.26	0.10	0.11	
腿肌	RAA	0.35	0.24	0.26	0.25	0.20	0.26	0.17	0.38	59.62
	RC	0.31	0.27	0.17	0.16	0.16	0.25	0.10	0.10	

三、不同部位达茂草原羊肉脂肪酸成分分析

背肌与腿肌主要脂肪酸成分如图4-3和表4-5所示。背肌中的总脂肪酸含量高于腿肌。背肌中各类饱和脂肪酸均高于腿肌。饱和脂肪酸中除了棕榈酸外，其他成分均呈显著差异。背肌的单不饱和脂肪酸显著低于腿肌。UFA/SFA无显著差异，而UFA/FA存在显著差异。本次检测为剔除脂肪组织的肌肉部分，原因可能与肌间脂肪沉积总量有关。

从表4-6可看出，在总脂肪酸中，背肌与腿肌的饱和脂肪酸和单不饱和脂肪酸存在显著差异，而多不饱和脂肪酸无显著差异。各项脂肪酸中，亚油酸比例无显著差异，背肌的其他脂肪酸组与腿肌各不相同，这也为各个部位的口感差异提供了物质基础。整体上看，背肌脂肪酸含量较丰富。

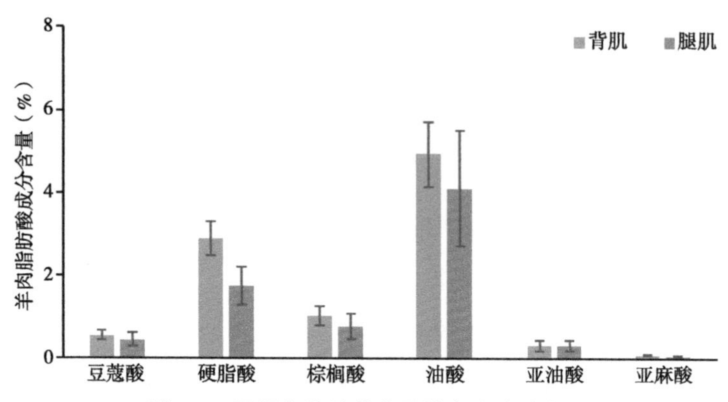

图4-3　不同部位达茂草原羊肉脂肪酸成分

表4-5　不同部位达茂草原羊肉脂肪酸成分

项目	背肌	腿肌	背肌较腿肌相比增加	*P*值	背肌参考值	腿肌参考值
总脂肪酸（%）	13.62	11.33	20.22	0.000	1.500	2.900
饱和脂肪酸（%）	4.48	2.96	51.35	0.000	0.700	1.400
豆蔻酸（%）	0.55	0.45	22.22	0.000	0.032	0.087
硬脂酸（%）	2.90	1.74	66.67	0.001	0.354	0.589
棕榈酸（%）	1.03	0.77	33.77	0.204	0.296	0.693
单不饱和脂肪酸（%）	4.08	7.99	−48.94	0.017	0.600	1.100
油酸（%）	4.93	4.10	20.24	0.017	0.549	1.018
多不饱和脂肪酸（%）	0.39	0.37	5.41	0.379	0.200	0.400
亚油酸（%）	0.29	0.31	−6.45	0.379	0.116	0.249

（续表）

项目	背肌	腿肌	背肌较腿肌相比增加	*P*值	背肌参考值	腿肌参考值
亚麻酸（%）	0.093	0.067	38.81	0.000	0.030	0.064
UFA/FA	0.61	0.67	−8.96	0.268	0.533	0.786
UFA/SFA	2.04	2.82	−27.66	0.000	1.143	2.750

表4–6　不同部位达茂草原羊肉脂肪酸占总脂肪酸百分比

单位：%

项目	背肌	腿肌	背肌较腿肌相比增加	*P*值	背肌参考值	腿肌参考值
饱和脂肪酸	32.93	26.16	25.88	0.000	48.00	48.20
豆蔻酸	4.07	3.95	3.04	0.000	2.10	3.00
硬脂酸	21.29	15.37	38.52	0.001	23.60	20.30
棕榈酸	7.57	6.83	10.83	0.204	19.70	23.90
单不饱和脂肪酸	29.99	70.54	−57.49	0.017	39.90	38.30
油酸	36.21	36.24	−0.08	0.017	36.60	35.10
多不饱和脂肪酸	37.09	38.62	−3.96	0.379	11.90	14.3
亚油酸	36.41	38.03	−4.26	0.379	7.70	8.60
亚麻酸	0.68	0.60	13.33	0.000	2.00	2.20

四、不同部位达茂草原羊肉矿物质元素及维生素成分分析

背肌与腿肌矿物质元素成分如表4-7所示。除了背肌的钠、锌、铁、锰及硒，腿肌的钠、铁、铜、锰及硒略低于参考值外，羊肉的其他指标均高于参考值（钼除外）。其中，除了锰元素在背肌与腿肌之间存在差异外，其他矿物质元素均无差异。

表4-7　不同部位达茂草原羊肉矿物质元素成分

单位：mg/100 g

项目	背肌	腿肌	腿肌与背肌相比增加（%）	*P*值	背肌参考值	腿肌参考值
钾	352.29	357.35	−1.42	0.33	352	161
钠	57.13	54.12	5.56	0.37	93.8	74.4
镁	23.05	23.45	−1.71	0.46	19	22
钙	12.63	10.61	19.04	0.07	3	8
锌	2.66	2.58	3.10	0.36	3.07	1.98
铁	2.07	2.00	3.50	0.09	4	2.8
铜	0.105	0.103	1.94	0.14	0.1	0.15
锰	0.016	0.015	6.67	0.03	0.02	0.05
硒	0.007	0.007	0.00	0.39	9.06	5.53
钼	0.000	0.000	0.00	0.21	—	—

五、不同部位达茂草原羊肉食用加工品质分析

背肌与腿肌食用加工品质如表4-8所示。除pH值、色差a和蒸煮损失外，其他各项指标均呈显著性差异。腿肌的色差L、色差b和剪切力均高于背肌，说明背肌的色泽更好，嫩度更佳。

表4-8　不同部位达茂草原羊肉食用加工品质

项目	背肌	腿肌	背肌与腿肌相比增加（%）	*P*值
pH值	5.82	5.82	0.00	0.402
色差L（30～45）	37.71	39.01	−3.33	0.007
色差a（10～25）	13.60	13.22	2.87	0.091
色差b（5～15）	12.25	13.08	−6.35	0.001
蒸煮损失	0.34	0.34	0.00	0.341
剪切力（*N*）	21.66	25.73	−15.82	0.012
硬度（*N*）	7.38	5.93	24.45	0.001

六、小　结

本研究所检测的羊肉水分含量低于《畜禽肉水分限量》（GB 18394—2001）中羊肉水分含量的最高标准——75%，脂肪含量能够增加肉品的可口程度，但过多的脂肪也会降低肉的口感，并且产生油腻感，脂肪含量与肌肉运动量有关，运动量大的部位脂肪含量较少，背肌脂肪含量少可能是由于运动量大。蛋白质参与

人体多项生命活动，是人体必不可少的营养物质之一，腿肌具有较高的蛋白质含量。

背肌和腿肌的pH值呈弱酸性。羊肉的pH值低，则易发色、保存期长和风味好；羊肉的pH值高则肉的颜色和持水性好。正常肉的质量特性介于两者之间。背肌和腿肌的蒸煮损失很少。蒸煮损失指羊肉在特定温度的水浴中加热一定时间后减少的质量，以肌肉蒸煮前后质量的比值来表示。它是度量熟化损失的一项指标，与系水力紧密相关，对羊肉加工后的产量有很大影响。背肌和腿肌的剪切力及硬度均适中。它们与肌肉纤维的类型、含水量密切相关。而剪切力及硬度指标反映的是肉的嫩度，剪切力及硬度越高，则肉质越有嚼劲，剪切力及硬度越低，则肉质口感越细腻。

达茂草原羊不同部位羊肉所含矿物质元素只有锰元素在背肌和腿肌间有显著差异（$P<0.05$），但均低于参考值。锌元素作为机体多种酶的组成成分，在蛋白质、脂肪、糖和核苷酸代谢中都具有重要意义，背肌中锌含量丰富（2.66 mg/kg），但并不显著高于腿肌（2.58 mg/kg）。铁元素参与细胞代谢，与物质能量转换有关，背肌中的铁元素整体稍高，为2.07 mg/kg，腿肌中为2.00 mg/kg。钙元素是人体必需的常量元素之一，是构成和维持骨骼正常生长发育的重要物质，达茂草原羊无论背肌还是腿肌中钙含量均较为丰富，其中背肌中为12.63 mg/kg，而腿肌中为10.61 mg/kg。钾和镁这2种常量元素含量在2个部位间均无显著差异。其中镁元素可以稳定人体糖代谢过程；钾元素可以参与调节细胞渗透压，维持糖、蛋白质及能量代谢正常。达茂草原羊的背肌和腿肌矿物质元

素含量丰富，可为人体提供重要的矿物质来源。但是，背肌和腿肌的硒均低于参考值。硒元素能够促进儿童生长，智力发育，改善营养不良状态，保护视力，提高抗病能力。硒在人体内无法合成，所以要满足人体对硒的需求，就需要每天补充硒。钼是黄嘌呤氧化酶/脱氢酶、醛氧化酶和亚硫酸盐氧化酶的组成成分，从而确知其为人体及动植物必需的微量元素。

氨基酸是蛋白质的组成部分，氨基酸的含量与蛋白质的含量密切相关。赖氨酸是含量最丰富的必需氨基酸，天冬氨酸和谷氨酸是最丰富的非必需氨基酸，这与王芳等（2021）和王玉琴等（2017）对湖羊，李树伟等（2011）对和田羊、于小杰等（2021）对小尾寒羊的研究结果一致，同时天冬氨酸、谷氨酸与肉的鲜味有关，作为鲜味氨基酸这两种氨基酸的含量也将影响着肉品的风味。精氨酸是许多哺乳动物幼时生长发育重要的氨基酸，是愈合创伤的必需氨基酸，能够有效加速伤口的愈合，达茂草原羊2个部位羊肉中精氨酸含量均较为丰富。脂肪酸是影响肉制品风味及营养价值的重要因素，饱和脂肪酸与不饱和脂肪酸的含量、比例也直接影响着肉的食用价值。本研究结果表明，背肌中饱和脂肪酸与不饱和脂肪酸的含量、比例均高于腿肌。梁鹏等（2021）对比了杜泊羊、小尾寒羊等不同品种的氨基酸与脂肪酸含量，发现小尾寒羊氨基酸含量显著低于其他品种，脂肪酸均以饱和脂肪酸为主，小尾寒羊单不饱和脂肪酸含量较少。

总而言之，达茂草原羊背肌的水分及脂肪酸更为丰富，剪切力和系水力更佳；腿肌的脂肪和蛋白含量丰富，色泽更佳；背肌氨基酸组合比例更佳且脂肪酸及矿物质元素含量更为丰富。

第五章

不同产地达茂草原羊肉品质分析

本次研究选取4个空间距离在100 km以上的苏木为样本采集点，分别为巴音花镇、达尔汗苏木、巴音敖包苏木和明安镇。达茂草原羊选取的年龄为3周岁左右。具体分析结果如下。

一、不同产地达茂草原羊肉常规营养成分分析

不同产地达茂草原羊肉常规营养成分如图5-1及表5-1所示。各产地的粗脂肪含量差异显著，其余成分差异较小。明安镇粗脂肪含量最高，巴音花镇含量最低。

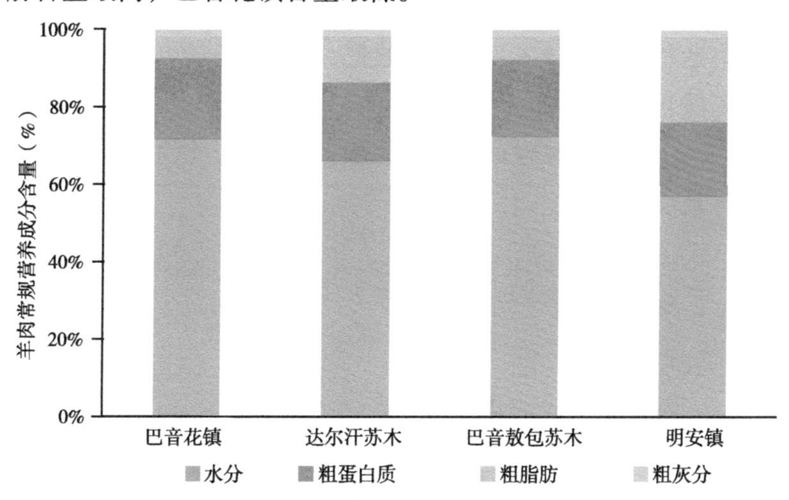

图5-1　不同产地达茂草原羊肉常规营养成分（鲜肉）

表5-1　不同产地达茂草原羊肉常规营养成分（鲜肉）

单位：%

项目	巴音花镇	达尔汗苏木	巴音敖包苏木	明安镇
水分	67.38	61.57	68.33	53.37
粗蛋白质	19.62	18.82	18.85	17.92

（续表）

项目	巴音花镇	达尔汗苏木	巴音敖包苏木	明安镇
粗脂肪	5.28	11.01	5.71	20.93
粗灰分	1.46	1.52	1.46	1.45

二、不同产地达茂草原羊肉氨基酸成分分析

不同产地达茂草原羊肉氨基酸成分如图5-2及表5-2所示。其中，亮氨酸、精氨酸、组氨酸差别较明显，其余氨基酸没有明显差异。达尔汗苏木的亮氨酸含量最低，巴音花镇和巴音敖包苏木的亮氨酸含量最高。明安镇的精氨酸含量最低，巴音花镇的精氨酸含量最高。巴音敖包苏木的组氨酸含量最低，达尔汗苏木的组氨酸含量最高。

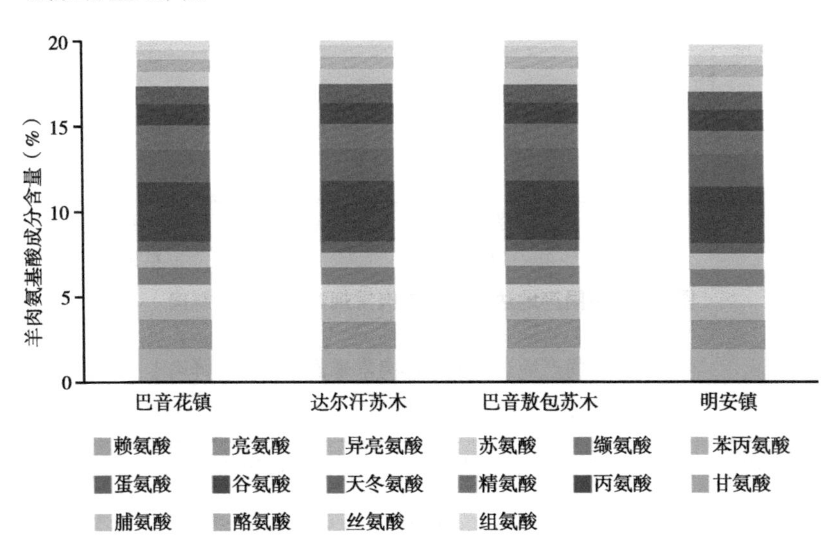

图5-2　不同产地达茂草原羊肉氨基酸成分（鲜肉）

不同产地羊肉的必需氨基酸含量（总氨基酸中）如表5-3所示。其中，巴音花镇、达尔汗苏木、巴音敖包苏木和明安镇的蛋氨酸含量均没有达到FAO/WHO推荐模式中的含量要求，为限制氨基酸，达尔汗苏木最接近推荐值；其他必需氨基酸均超过FAO/WHO推荐模式的含量，表明不同产地的羊肉均具备较优的必需氨基酸组合比例。根据氨基酸比值系数法，计算得出4个产地羊肉必需氨基酸的SRC评分，如表5-4所示，排名为：明安镇>达尔汗苏木>巴音花镇>巴音敖包苏木。

表5-2　不同产地达茂草原羊肉氨基酸成分（鲜肉）

项目	巴音花镇	达尔汗苏木	巴音敖包苏木	明安镇
氨基酸总量（%）	20.12	20.48	20.30	19.79
必需氨基酸（%）	8.23	8.26	8.30	8.13
赖氨酸（%）	2.00	1.99	1.99	1.93
亮氨酸（%）	1.72	1.56	1.72	1.70
异亮氨酸（%）	1.02	1.07	1.04	1.03
苏氨酸（%）	1.01	1.11	1.05	0.95
缬氨酸（%）	1.04	1.02	1.03	1.05
苯丙氨酸（%）	0.88	0.87	0.88	0.89
蛋氨酸（%）	0.58	0.64	0.60	0.58
半必需氨基酸（%）	11.89	12.21	12.00	11.66
谷氨酸（%）	3.49	3.53	3.53	3.31
天冬氨酸（%）	1.93	1.96	1.93	1.90

（续表）

项目	巴音花镇	达尔汗苏木	巴音敖包苏木	明安镇
精氨酸（%）	1.42	1.38	1.41	1.36
丙氨酸（%）	1.22	1.23	1.23	1.22
甘氨酸（%）	1.08	1.14	1.07	1.10
脯氨酸（%）	0.84	0.81	0.87	0.84
酪氨酸（%）	0.69	0.72	0.71	0.71
丝氨酸（%）	0.61	0.70	0.68	0.59
组氨酸（%）	0.59	0.73	0.58	0.62
EAA/TAA	0.41	0.40	0.41	0.41
EAA/NEAA	0.69	0.68	0.69	0.70

表5–3　达茂草原羊不同产地的羊肉氨基酸成分（占总氨基酸）

单位：%

地点	赖氨酸	亮氨酸	异亮氨酸	苏氨酸	缬氨酸	苯丙氨酸+酪氨酸	蛋氨酸	组氨酸
巴音花镇	9.93	8.53	5.09	5.00	5.16	7.79	2.87	2.95
达尔汗苏木	9.74	7.63	5.26	5.46	5.03	7.72	3.11	3.52
巴音敖包苏木	9.78	8.47	5.10	5.19	5.09	7.81	2.93	2.87
明安镇	9.74	8.59	5.21	4.78	5.31	8.11	2.93	3.15
FAO/WHO推荐模式	5.50	7.00	4.00	4.00	5.00	6.00	3.50	1.70

表5-4　达茂草原羊不同产地的羊肉氨基酸成分FAO/WHO模式评分

地点		赖氨酸	亮氨酸	异亮氨酸	苏氨酸	缬氨酸	苯丙氨酸+酪氨酸	蛋氨酸	组氨酸	SRC
FAO/WHO推荐模式（mg/g）		55	70	40	40	50	60	35	17	
巴音花镇	RAA	1.81	1.22	1.27	1.25	1.03	1.30	0.82	1.73	
	RC	1.66	1.43	0.85	0.83	0.86	1.30	0.48	0.49	58.03
达尔汗苏木	RAA	1.72	1.04	1.31	1.25	1.02	1.31	0.85	2.11	
	RC	1.56	1.27	0.85	0.84	0.83	1.27	0.52	0.55	58.63
巴音敖包苏木	RAA	1.78	1.21	1.28	1.30	1.02	1.30	0.84	1.69	
	RC	1.63	1.42	0.85	0.87	0.85	1.30	0.49	0.48	57.94
明安镇	RAA	1.77	1.23	1.30	1.20	1.06	1.35	0.84	1.85	
	RC	1.63	1.44	0.87	0.80	0.89	1.35	0.49	0.53	59.25

三、不同产地达茂草原羊肉脂肪酸成分分析

不同产地达茂草原羊肉的脂肪酸成分如图5-3和表5-5所示。脂肪酸在不同产地均呈显著差异。①总脂肪酸：明安镇>巴音敖包苏木>达尔汗苏木>巴音花镇；饱和脂肪酸：巴音敖包苏木>明安镇>达尔汗苏木>巴音花镇；单不饱和脂肪酸：明安镇>达尔汗苏木>巴音敖包苏木>巴音花镇；多不饱和脂肪酸：明安镇>达尔汗苏木>巴音花镇>巴音敖包苏木。②UFA/FA：明安镇>达尔汗苏

木>巴音花镇>巴音敖包苏木；UFA/SFA：明安镇>巴音花镇>达尔汗苏木>巴音敖包苏木。

从各脂肪酸在总脂肪酸中的比例来看（表5-6），饱和脂肪酸：巴音敖包苏木>明安镇>达尔汗苏木>巴音花镇；单不饱和脂肪酸：达尔汗苏木>巴音敖包苏木>明安镇>巴音花镇；多不饱和脂肪酸：明安镇>达尔汗苏木>巴音花镇>巴音敖包苏木，这为不同产地的羊肉风味物质形成奠定了物质基础。

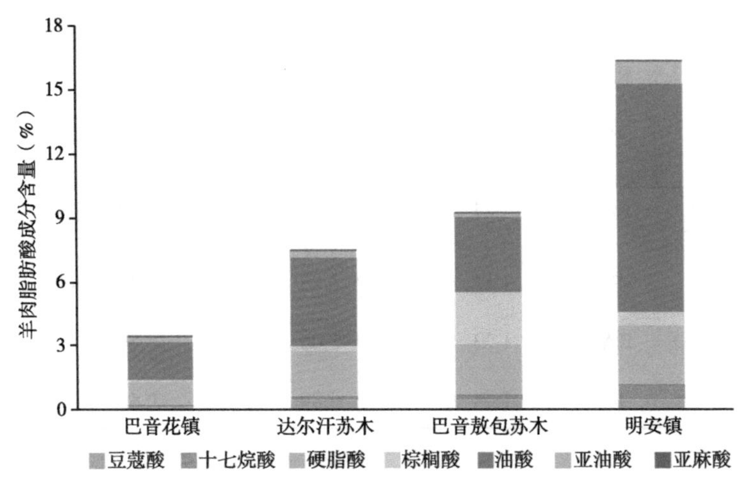

图5-3　不同产地达茂草原羊肉主要脂肪酸成分

表5-5　不同产地达茂草原羊肉脂肪酸成分

项目	巴音花镇	达尔汗苏木	巴音敖包苏木	明安镇
总脂肪酸（%）	3.34	7.34	9.04	15.65
饱和脂肪酸（%）	1.29	2.83	5.29	3.89
豆蔻酸（%）	0.12	0.42	0.48	0.45

（续表）

项目	巴音花镇	达尔汗苏木	巴音敖包苏木	明安镇
硬脂酸（%）	1.07	2.14	2.38	2.82
棕榈酸（%）	0.10	0.22	2.44	0.62
单不饱和脂肪酸（%）	1.78	4.15	3.51	10.70
油酸（%）	1.78	4.14	3.51	10.70
多不饱和脂肪酸（%）	0.27	0.33	0.24	1.07
亚油酸（%）	0.21	0.25	0.17	1.01
亚麻酸（%）	0.06	0.07	0.07	0.06
UFA/FA	0.61	0.62	0.41	0.75
UFA/SFA	1.59	1.55	0.71	3.03

表5–6　不同产地达茂草原羊肉脂肪酸百分比

单位：%

项目	巴音花镇	达尔汗苏木	巴音敖包苏木	明安镇
饱和脂肪酸	8.62	22.93	39.33	25.13
豆蔻酸	0.80	3.51	3.55	2.90
硬脂酸	7.17	17.21	17.65	18.22
棕榈酸	0.64	2.20	18.13	4.01
单不饱和脂肪酸	27.25	64.15	59.35	51.68
油酸	11.90	33.16	26.07	69.19

（续表）

项目	巴音花镇	达尔汗苏木	巴音敖包苏木	明安镇
多不饱和脂肪酸	1.80	2.75	1.77	6.92
亚油酸	1.41	2.18	1.23	6.53
亚麻酸	0.39	0.66	0.55	0.38

四、不同产地达茂草原羊肉矿物质元素成分分析

不同产地达茂草原羊肉的矿物质元素及维生素成分如表5-7所示。其中，钙、铁和钼在不同产地呈显著差异，其他矿物质元素在不同产地差异较小。钙：明安镇最高，巴音花镇最低；铁：巴音花镇最高，明安镇最低；钼：巴音敖包苏木最高，达尔汗苏木最低。

表5-7　不同产地达茂草原羊肉矿物质元素成分

单位：mg/100 g

项目	巴音花镇	达尔汗苏木	巴音敖包苏木	明安镇
钾	353.26	366.32	351.94	322.63
钠	53.07	57.45	53.47	62.59
镁	22.82	24.66	22.58	22.07
钙	9.72	12.17	11.24	13.09
锌	2.94	2.54	2.62	2.84
铁	2.52	2.14	2.06	1.60

（续表）

项目	巴音花镇	达尔汗苏木	巴音敖包苏木	明安镇
铜	0.094	0.097	0.104	0.116
锰	0.018	0.016	0.016	0.016
硒	0.008	0.007	0.006	0.012
钼	0.000 1	0.000 0	0.000 4	0.000 1

五、不同产地达茂草原羊肉食用加工品质分析

不同产地达茂草原羊肉的食用加工品质如表5-8所示。其中，仅有鲜肉的硬度在不同产地呈显著差异。明安镇的羊肉硬度最大，巴音花镇硬度最低，说明巴音花镇的肉质嫩度最佳。

表5-8　不同产地达茂草原羊肉食用加工品质

项目	巴音花镇	达尔汗苏木	巴音敖包苏木	明安镇
pH值	5.77	5.82	5.85	5.81
色差L（30～45）	38.39	38.93	38.42	39.47
色差a（10～25）	13.47	12.86	13.87	13.25
色差b（5～15）	12.56	12.51	12.70	12.89
蒸煮损失	0.35	0.34	0.33	0.37
剪切力（*N*）	21.65	24.27	23.71	22.81
硬度（*N*）	5.58	6.46	7.95	8.40

六、不同产地达茂草原羊肉品质聚类分析

不同产地达茂草原羊肉品质聚类分析如图5-4所示，该图2个维度的贡献度可以解释绝大部分的结果。图中每2点间的距离为欧式距离，表示2个样本间的差异度。从图中可以看出，不同产地的羊肉品质聚类界限明显，尤其是明安镇与其他3个产地的羊肉距离明显，表明以产地为因素，可将不同羊肉样本显著区分，也说明不同产地的土壤、牧草等环境因素对羊肉品质有显著影响，形成了不同的肉品质。

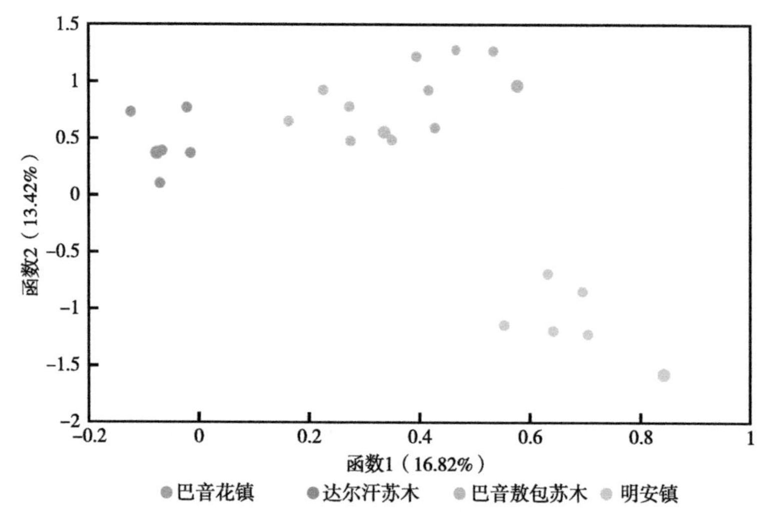

图5-4　不同产地达茂草原羊肉品质聚类分析

七、不同产地达茂草原羊肉品质与矿物质元素水平相关性分析

不同产地达茂草原羊肉品质与矿质元素水平的相关性如图5-5所示，图中红色表示该点关联的2个指标间为正相关关系，

蓝色点表示该点关联的2个指标间为负相关关系，颜色越深表示关联性越高。有“*”形标记表明二者存在显著相关性。分析可知：①pH值与羊肉中的硒和锌含量呈显著正相关，与羊肉中铜元素呈显著负相关；②色差L和色差a与羊肉中钾和镁元素含量呈显著相关；③剪切力与羊肉中铜和镁含量呈显著正相关；④粗蛋白质与羊肉中钠含量呈显著负相关；⑤灰分与羊肉中钾和镁呈显著正相关；⑥锰和镁与羊肉中大多数矿质元素都有显著相关性。结果表明，羊肉中的矿物质养分能够显著影响羊肉基本品质，

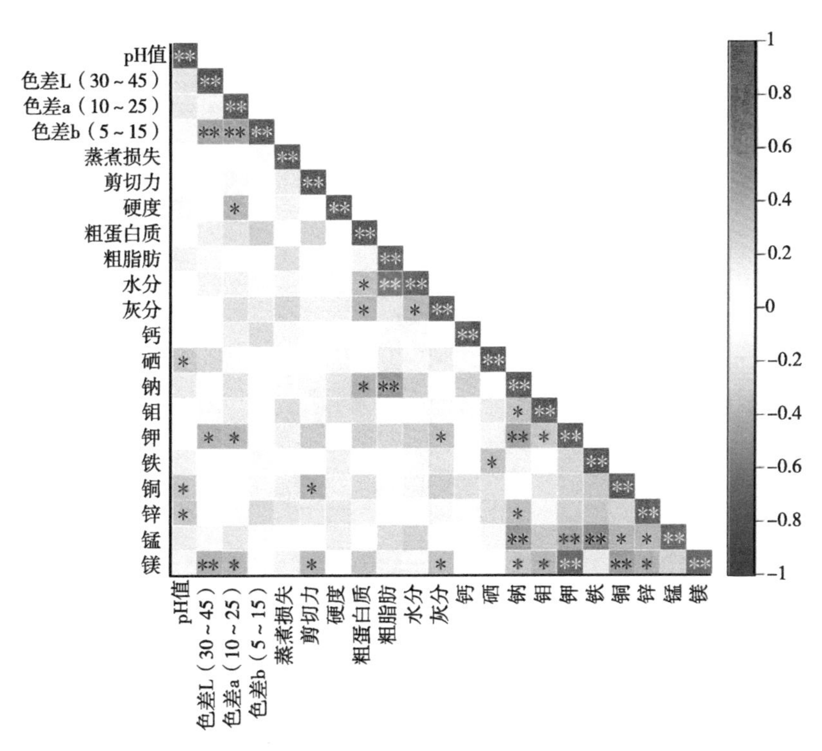

图5-5　不同产地达茂草原羊肉品质与矿质元素水平相关分析

尤其是钾和镁对于进一步提升羊肉的色泽及口感具有指导价值。这一结果对于明确饲料矿质养分补充对羊肉品质的关系具有重要意义，也有助于增强达茂草原羊肉品牌效应的科学依据，引导消费者提升对草原特色羊肉的喜好，促进实现优质优价。

八、不同产地达茂草原羊肉品质与氨基酸成分相关性分析

不同产地达茂草原羊肉品质与氨基酸成分水平的相关性如图5-6所示，图中暖色表示该点关联的2个指标间为正相关关系，冷色点表示该点关联的2个指标间为负相关关系，颜色越深表示

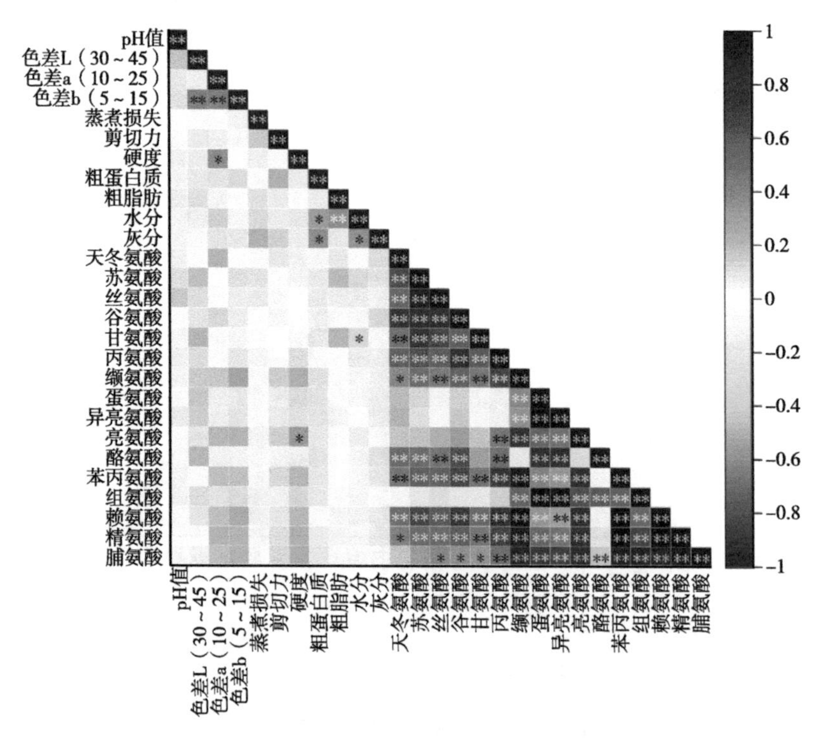

图5-6　不同产地达茂草原羊肉品质与氨基酸成分相关分析

关联性越高。有“*”形标记表明二者存在显著相关性。可以得出：①硬度与羊肉中亮氨酸含量呈显著正相关；②水分与羊肉中甘氨酸含量呈显著负相关；③大多数氨基酸都与其他氨基酸呈显著相关关系。但总体而言，相比于矿质养分，羊肉中的氨基酸与羊肉品质关联性相对不高。

九、不同产地达茂草原羊肉品质与脂肪酸成分相关性分析

不同产地达茂草原羊肉品质与脂肪酸成分的相关性如图5-7所示，图中冷色表示该点关联的2个指标间为正相关关系，暖色

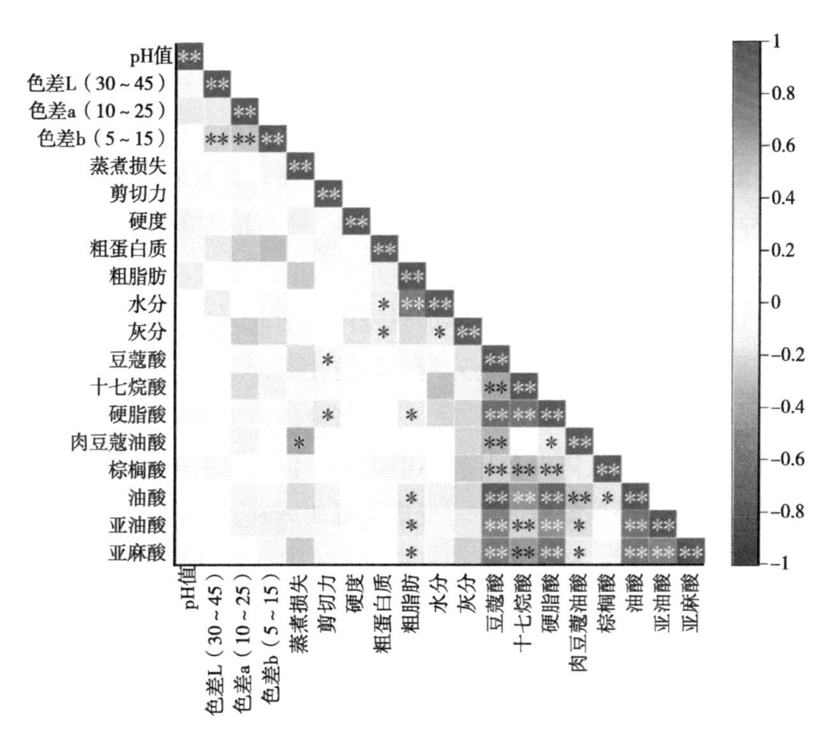

图5-7　不同产地达茂草原羊肉品质与脂肪酸成分相关分析

点表示该点关联的2个指标间为负相关关系，颜色越深表示关联性越高。有“*”形标记表明二者存在显著相关性。可以得出：①蒸煮损失与羊肉中肉豆蔻油酸呈显著负相关；②豆蔻酸和硬脂酸与羊肉的剪切力呈显著正相关；③粗脂肪与羊肉中硬脂酸、油酸、亚油酸和亚麻酸呈显著正相关；④大多数脂肪酸都与其他脂肪酸呈显著相关关系。结果表明，羊肉的脂肪酸能够间接影响羊肉的蒸煮损失、剪切力以及粗脂肪的含量，说明脂肪酸能够对羊肉的基本品质形成造成影响。

十、小 结

不同产地达茂草原羊肉亮氨酸、精氨酸、组氨酸的差别明显。巴音花镇和巴音敖包苏木的亮氨酸含量最高，巴音花镇精氨酸含量最高，达尔罕苏木的组氨酸含量最高。亮氨酸是人体必需的8种氨基酸和生糖氨基酸，它与其他2种高浓度氨基酸（异亮氨酸和缬氨酸）一起工作促进身体正常生长，修复组织，调节血糖，并提供需要的能量。在参加激烈体力活动时，亮氨酸可以给肌肉提供额外的能量产生葡萄糖，以防止肌肉衰弱。它还帮助肝脏清除多余的氮（潜在的毒素），并将身体需要的氮运输到各个部位。精氨酸在人体内参与鸟氨酸循环，促进尿素的形成，使人体内产生的氨经鸟氨酸循环转变成无毒的尿素，由尿中排出，从而降低血氨浓度。较高浓度的氢离子，有助于纠正肝性脑病时的酸碱平衡。精氨酸也是维持婴幼儿生长发育必不可少的氨基酸。它是鸟氨酸循环的中间代谢物，能促使氨转变成为尿素，从而降低血氨含量。它也是精子蛋白的主要成分，有促进精子生成，提供精子运动能量的作用。此外，静脉注射精氨酸，能刺激垂体释放生长激素，可用于垂体功能试验。组氨酸被认为是一种人类（主要是对儿童）必需氨基酸。在成年之后，人类开始可以自己合成组氨酸。在慢性尿毒症患者的膳食中添加少量的组氨酸，氨基酸结合进入血红蛋白的速度增加，肾性贫血减轻，所以组氨酸也是尿毒症患者的必需氨基酸。在组氨酸脱羧酶的作用下，组氨酸脱羧形成组胺。组胺具有很强的血管舒张作用，并与多种变态反应及炎症有关。亮氨酸、组氨酸和赖氨酸共同为碱性氨基酸。

在不同产地的达茂草原羊肉中共检测出有7种主要脂肪酸，包括3种饱和脂肪酸，其含量为8.62%～39.33%，1种单不饱和脂肪酸，其含量为11.90%～69.19%，2种多不饱和脂肪酸，其含量为1.77%～6.92%；羊肉含量较多的是油酸和硬脂酸，还检测到十七烷酸这类饱和脂肪酸，明安镇羊肉中各类脂肪酸均高于其他产地。不同产地的达茂草原羊肉饱和脂肪酸含量较小，不饱和脂肪酸含量高，符合达茂草原羊肉营养价值高，膻味小的优良特点。

脂肪酸的种类和含量是影响肉质风味和衡量肉质营养品质的重要指标之一。而饱和脂肪酸的含量更能直接影响肉的营养价值，但其含量不能过高，过高会使体内胆固醇的水平也提高，可能引起心血管疾病产生。相反，不饱和脂肪酸可有效降低胆固醇和血脂的水平含量，预防心血管疾病、冠心病等，可提高人体免疫力预防，促进生长发育，有利于人体健康。罗玉龙等（2015）通过研究巴寒杂交二代羊肉，发现其背最长肌部位的品质为最佳，且在该部位脂肪酸分布也最为合理，食用价值丰富。

Brennand等（1989）分析汉普夏羊脂肪酸在不同部位脂肪组织上的分布，研究表明臀部中的挥发性脂肪酸含量高于其他部位，并说明个体差异更能影响挥发性脂肪酸的含量。

不同产地的羊肉矿物质元素和加工差异较小，说明产地因素对达茂草原羊肉矿物质品质和口感影响不大。其中，牧草作为营养因子与羊肉品质的形成关联性很高。水源作为营养因子与羊肉品质的形成关联性不高。土壤作为环境因子，能够直接影响牧草的生长，从而间接影响羊肉品质的形成。

第六章

结论与展望

为掌握达茂草原羊肉的品质状况，分析该羊肉的品质及地域优势，在达茂旗4个苏木主产区，分别为巴音花镇、达尔汗苏木、巴音敖包苏木和明安镇，随机选取发育正常、健康无病、自然放牧下的达茂草原羊中的去势羊，采用国标方法，对肉样检测常规养分（水分、粗蛋白质、粗脂肪、粗灰分）、功能性成分（16种氨基酸、36种脂肪酸、10种矿物质元素）及食用加工安全品质（色差、剪切力、蒸煮损失、硬度、酸碱度）等进行系统分析与评价，另外对采集羊样本的牧场进行了草、土、水的采集，共采集天然牧草样本30个、水样本30个以及土壤样本30个，对产地天然牧草常规养分（水分、粗蛋白质、粗脂肪、中性洗涤纤维、酸性洗涤纤维、粗灰分、微量元素）及地下水样的硬度、酸碱度、电导率及矿物质元素及土样的常规理化指标及微量元素等进行了检测。通过对肉样、草样、土样及水样的数据进行统计分析（方差、主成分、相关性、聚类分析），初步摸清了达茂草原羊肉优势品质指标及产地的因子（草、土、水）对2种羊肉品质的影响，明确了不同地区、不同部位羊肉品质的差异，确定了影响达茂草原羊肉品质的关键指标，有利于全面了解达茂草原羊肉品质及其特点，为该羊肉的进一步研究和合理开发提供了相关理论依据。

一、结 论

1. 达茂草原羊肉的营养品质均优于《中国食物成分表（标准版 第六版）》中的参考标准

达茂草原羊肉的营养物质中，水分、粗蛋白质、粗脂肪、粗灰分、氨基酸总量及微量元素均优于《中国食物成分表（标准版第六版）》中的参考值。达茂草原羊肉的必需氨基酸较参考值高出8.36%。组氨酸超出参考值7%以上。总脂肪酸与单不饱和脂肪酸的含量均高于参考值，其中，单不饱和脂肪酸（占总脂肪酸的比例）高出参考值5.8倍。

2. 达茂草原羊肉具有较优的食用和加工品质

达茂草原羊肉的食用和加工品质优于《中国食物成分表（标准版　第六版）》中的参考标准。依据《肉的食用品质客观评价方法》（NY/T 2793—2015），达茂草原羊肉的剪切力低于参考标准值（60N），达茂草原羊的口感表现为更有嚼劲，并表现出肉质细腻的特质；蒸煮损失均低于参考值（35%），表现出较优的保水性。

3. 不同部位达茂草原羊肉品质差异显著

背肌和腿肌的常规营养成分均优于《中国食物成分表（标准版　第六版）》中羊肉（里脊）和羊肉（后腿）的参考值。必需和半必需氨基酸含量优于参考值，其中，赖氨酸、亮氨酸、异亮氨酸、苏氨酸、谷氨酸、天冬氨酸、精氨酸、丙氨酸、甘氨酸、脯氨酸和组氨酸含量显著高于参考值。而且，赖氨酸、苏氨酸、谷氨酸、精氨酸、丙氨酸、甘氨酸、脯氨酸和丝氨酸含量较高。不论背肌还是腿肌，总脂肪酸、饱和脂肪酸、单不饱和脂肪酸含量显著高于参考值。背肌和腿肌中的钾、镁和钙含量高于参考值，背肌中的钙含量约为参考值的4倍左右。从食用加工品质上看，腿肌和背肌均优于《肉的食用品质客观评价方法》（NY/T 2793—2015）中的参考值，但腿肌的硬度略低于背肌，并且剪切力略高于背肌，说明背肌的食用加工品质要优于腿肌。

4. 不同产地达茂草原羊肉品质差异显著

各产地达茂草原羊肉的粗脂肪差异显著，其余成分无显著差异。明安镇粗脂肪含量最高，巴音花镇含量最低；不同产地的达茂草原羊肉均具备较优的必需氨基酸组合比例，其中亮氨酸、精氨酸、组氨酸差别明显，其余氨基酸没有明显差异。各产地羊肉脂肪酸在不同产地均呈显著差异，这为不同产地的羊肉风味物质形成奠定了物质基础。钙、铁和钼在不同产地呈显著差异，其他矿物质元素在不同产地差异较小。食用加工品质中仅有鲜肉的硬度在不同产地呈显著差异。明安镇的羊肉硬度最大，巴音花镇硬度最低，说明巴音花镇的肉质嫩度最佳。不同产地的部分羊肉品质指标差异显著，说明产地因素对达茂草原羊肉品质存在一定影响。不同的土壤、地形地势及气候形成了独特的天然牧草组合，进而孕育出特色营养与口感的达茂草原羊肉。

5. 影响达茂草原羊肉基本品质的因子分析

不同产地的羊肉品质差异显著，说明产地因素对羊肉品质影响很大。其中，羊肉中部分矿质元素、氨基酸和脂肪酸与食用和加工品质的形成关联性很高。钾和镁对于羊肉的色泽及口感的形成有一定的关联性。亮氨酸间接影响羊肉的硬度。肉豆蔻油酸、豆蔻酸和硬脂酸的含量与蒸煮损失和剪切力有关。同时，大多数矿质元素、氨基酸和脂肪酸与各自组分呈显著相关关系。

二、工作展望

为进一步推进达茂草原羊肉国家地理标志保护工程建设，加快区域公用品牌建设步伐，如何真正提升肉品质，实现优质优价，使农牧民增收，提高经济效益、社会效益、生态效益，将是未来工作的重点。结合本项目的研究结论，要进一步提高达茂草原羊肉营养品质，应开展以下研究工作：①必需氨基酸的组合模式有待提高，其中，苏氨酸，亮氨酸，赖氨酸的含量需要提高，可通过添加剂的方式在禁牧期补充；②铁元素和硒元素需要补充，可通过舔砖的方式在放牧期补充。为了更全面地了解该羊肉的品质优势，为品牌培育宣传及质量提升提供全面的理论依据与数据依据，以下工作还需进一步完善：①不同年龄达茂草原羊肉的营养品质评价；②需采集其他产地或其他饲养方式下的羊肉，与达茂草原羊肉进行对比分析，进一步突出品质优势；③在营养品质研究的基础上，需进一步完善食用品质、加工品质及安全品质的评价，建立达茂草原羊肉完善的评价体系。

“深”爱草原 香约达茂
茂草原羊区域公用品牌推介暨达茂草原羊肉地理标志产品(深圳)
内蒙古三中养殖有限责任公司
签约嘉宾 曹峥
达茂旗林旺现代农牧业有限责任公司
签约嘉宾 贡德新
签约嘉宾 肖云

弓华
常委会党组书记、主任

“深”爱草原 香约达茂

“深”爱草原 香约达茂
草原羊区域公用品牌推介暨达茂草原羊肉地理标志产品(深圳)推

达茂草原羊
地理标志证明商标
“深”爱草原 香约达茂
草原羊区域公用品牌推介暨达茂草原羊肉地理标志产品(深圳
签到处
SIGN-IN DESK

域公用品牌推介暨达茂草原羊肉地理标志产
内蒙古塞上食品有限公司
签约嘉宾 贾德新
内蒙古天宇牧歌农牧业科
签约嘉宾 刘
东莞市奥神
塞上食品
中膳团餐
天宇牧歌
奥神餐饮

寒地黑土
香米之乡

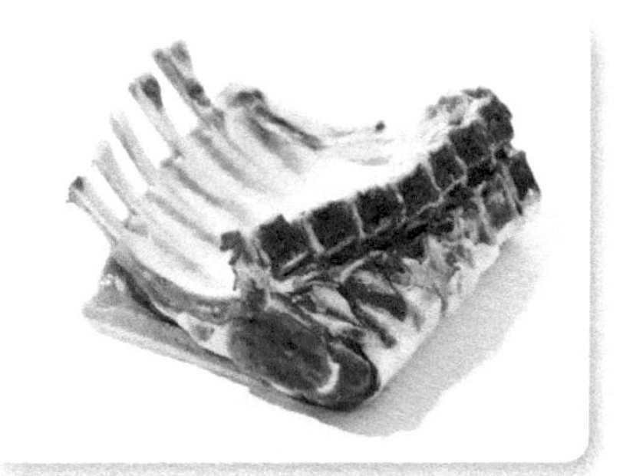

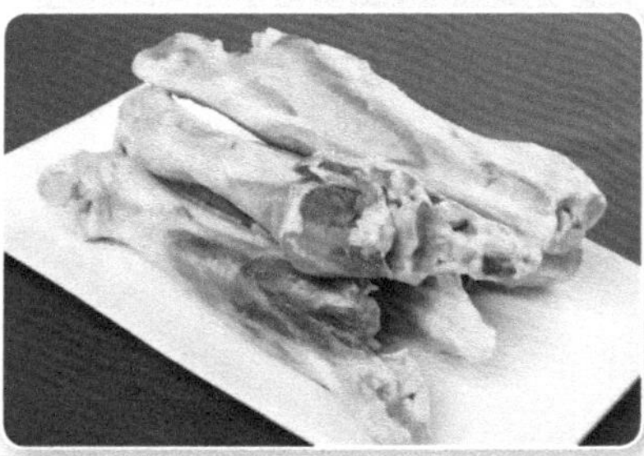

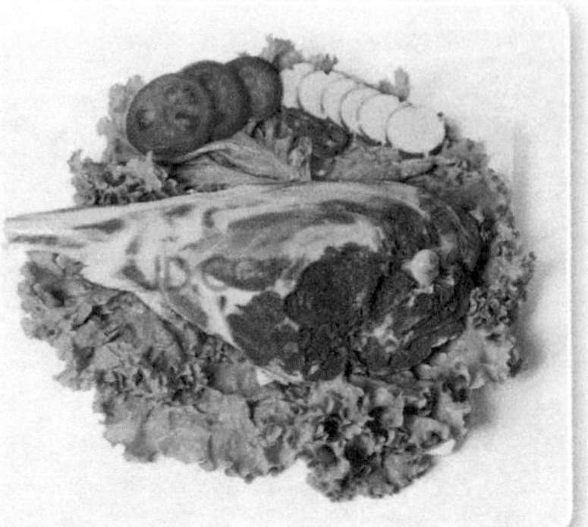

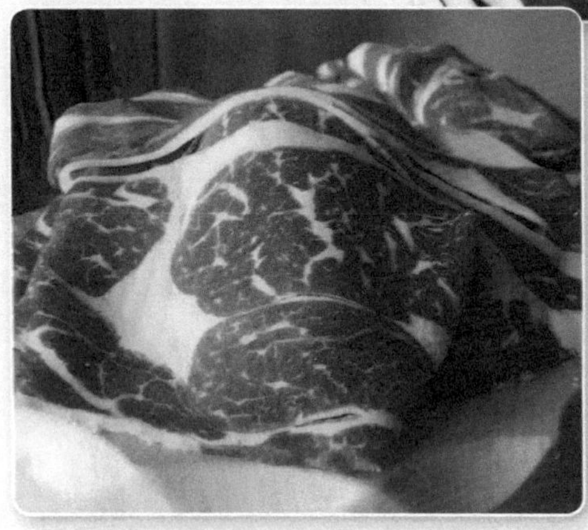